使えるシーンが見える

ゼロからの統計学

竹田茂生・藤木清／編

くろしお出版

Microsoft Windows XP, Vista, Office, Word 等はMicrosoft Corporation の米国及び各国における商標または登録商標です。その他，本書に記載されているブランド名・製品名・商標等は，それぞれの帰属者の所有物です。

■本書の解説は，使用するソフトウェアのバージョン・お客様のハードウェア・ソフトウェア環境などによっては，必ずしも本書通りの動作や画面にならないことがあります。あらかじめご了承ください。

■本書に記載された内容は，参照用としての提供のみを目的としております。本書を用いての運用はすべてお客様自身の責任と判断において行ってください。

■本書の運用・ダウンロード先からのデータ使用によっていかなる損害が生じても，くろしお出版及び著者は責任を負いかねますので，あらかじめご了承ください。

はじめに
〜統計学を学ぶということ〜

　統計的手法やそれを学問的に体系化した統計学をなぜ学ぶのでしょうか。みなさんは，統計学を学ぶことのメリットや目的はなんだと思いますか。統計学を学習することによって，次の3つのことができるようになります。

1. 多くのデータを整理して法則を見つけ出すことができる
　データをたくさん集め，それを統計的に処理していくと，法則(モデル)を見つけ出すことができます。ドイツの著名な社会学者マックス・ウェーバー(Max Weber 1864-1920)は，欧米の経済的に成功している人たちのデータを整理していくと，キリスト教の一派であるプロテスタントの居住する地域が裕福であることに気がつきました。彼は，質素，勤勉，倹約というプロテスタントの倫理が資本主義を興隆させる原動力になったという説を論文に著しました。有名な「プロテスタンティズムの倫理と資本主義の精神」です。彼は，帰納法的な視点からの仮説を科学的に証明(検証)して，多くの人が納得のいく根拠を示したのです。

2. 部分を調べて全体(未知)を知る(推測)ことができる
　選挙の投票が終わって開票が始まると，マスコミ各社は，いち早く当選者の予想を報道します。開票後，1時間もたってないのになぜ当選確実といえるのでしょう。しかも，ほとんどが報道の通りか，ほぼ予想に近い結果になっています。有権者全員に確認したわけでもないし，また，そのようなことは不可能です。統計的手法を使うと少しのデータで全体を知ることができるようになります。

3. 未来を予測し，対策をたてることができる
　日本の人口を定点観測していくと，年齢の低い人は少なく，年齢が高い層ほど多くなってきていることがわかります。少子高齢社会の到来です。これらの過去のデータをもとに，統計的な予測にもとづいて，未来の人口ピラミッドを描くことができます。今後もますます少子高齢化が進展することが予測できます。予測ができると年金や税金などの政策の立案に役に立ちます。また，労働

人口の減少からは，定年制度の年齢の引き上げ，女性の活用，外国人労働者導入などの対策を考えることができます。

　さて，本書の特色は主に2点あげられます。
　1点目は，統計的手法の基本である「記述統計」を中心に解説していることです。記述統計は，特にデータの法則を見つけ出すのに優れた手法です。データを分析するには，じっくりと丹念にデータを読み取ることが大切です。そのために，各章にはワークシートを設定しています。ワークシートの内容はExcelの操作や計算問題ではなく，データを読み取って考察を行う問題を中心に設定しています。みなさん自身の理解度を確認するために活用してください。
　2点目は，シナリオ・ラーニングの発想で身近な視点から統計的手法に触れられ，しかも応用ができそうと感じられるように工夫したことです。シナリオは，学園祭で模擬店を出店して，その利益を旅行サークルの資金にしようという設定です。実際にアンケートを行って，そのデータから模擬店の出店プランを立てていくという一貫したストーリーで構成しており，興味をもって学習できるようにしています。統計的手法を理解するとともに統計的なモノの見方を身につけることをねらいにしています。
　その他，本書はなるべく平易で，理解しやすいように記述することに配慮しています。数式を少なくしたほか，パソコンを使って実践的に学習できる構成になっています。ぜひ「統計的思考」を鍛えて実践に活用して下さい。
　なお，本書の執筆にあたって，忍耐強く支え，励ましてくださった，斉藤章明氏に感謝の意を捧げます。

竹田 茂生・藤木　清

目　次

はじめに i
本書の効果的な使い方 vii

第1章　データをまとめる 1

シナリオ　2次データの収集……過去のデータを集める 2
1. 表とグラフ 4
2. 表のマナー 4
3. グラフの種類 6
4. グラフのマナー 9
5. Excelを使ったグラフの描き方 9

ワークシート
1-1. 表のマナーを身につけよう 13
1-2. マナーに注意して表を改善しよう 14

第2章　データの視覚化による発見 15

シナリオ　学年別に学園祭来場者数を考察 16
1. Excelによる表の作成 18
2. Excelによるグラフの作成 19

コラム　視覚化のウソ——グラフの表現によって2倍が4倍に！—— 24

ワークシート
2. グラフを読み取ろう 25

第3章　仮説を検証するための道具 27

シナリオ　アンケート票の作成……質問項目を考える 28
1. 変数と尺度 30
2. 仮説 32

コラム　パレートの法則からマイレージへ 33

> ワークシート
> 3-1. アンケート調査項目を4つの尺度に分類しよう 34
> 3-2. 4つの尺度を使って質問文と選択肢をつくろう 35

第4章 全体の傾向をつかむ 37

シナリオ　アンケート票の集計……データを入力して質問項目ごとに集計する 38
1. 変数とデータの入力 40
2. Excelによる単純集計 41

> ワークシート
> 4-1. ピボットテーブルを用いてF2(住まいの形態)を集計しよう 47
> 4-2. Q3(出かけたことのある祭りやイベント)を集計しよう 48

第5章 細部の検討 49

シナリオ　質的データの分析……属性別に集計して比較する 50
1. クロス集計 52
2. 比率による集計 55
3. Excelによるクロス集計 57
コラム　行動生態学から探る殺人行動 63

> ワークシート
> 5. 2つの変数を選んでクロス集計をしよう 64

第6章 カテゴリーでまとめる 65

シナリオ　量的データの整理……データの分布を把握する 66
1. 量的データとカテゴリー化 68
2. Excelによる階級別度数分布表の作成 69
3. 分布の歪み(ゆがみ・ひずみ) 78
コラム　一連の行動をはかる 79

> ワークシート
> 6. 大学創立年度のヒストグラムを作成しよう 80

第7章 データの中心を要約する 81

シナリオ 量的データの分析1……データの水準を比較する 82
1. 代表値 84
2. Excel による代表値の分析 86
コラム オリジナルな物差しをつくる――高感度人間―― 92

ワークシート
7. 代表値を比較しよう 93

第8章 データの散らばり具合をみる 95

シナリオ 量的データの分析2……データのばらつきの程度を比較する 96
1. 散布度 98
2. 分散と標準偏差の計算例 100
3. 分析ツールの結果から 102

ワークシート
8. ばらつきを比較しよう 104

第9章 データの関係を調べる 105

シナリオ 量的データの関連性分析1……2変数の関係をみる 106
1. 相関 108
2. 散布図 108
3. Excel による相関係数の算出 111
4. 相関係数の計算例 115
コラム "女の子の登校率が上がると,子どもの死亡率が減る" 117

ワークシート
9. 相関行列から2変数の関係性を評価しよう 118

第10章 データの一方向的関係を調べる 119

シナリオ 量的データの関連性分析2……2変数の関係から予測する 120

1. 回帰モデルの考え方 122
2. Excel による回帰直線の描画 122
3. 最小二乗法 126
4. 決定係数 128
5. 回帰係数と決定係数の計算例 128

ワークシート
10. 回帰直線を求め，あてはまりを評価しよう 131

第11章 データの違いを判断する 133

シナリオ アンケート結果を検証……一部から全体を推し測る 134
1. 統計的仮説検定の考え方 136
2. Excel によるカイ二乗検定 137
3. Excel による t 検定 139
4. Excel による回帰係数の t 検定 143
5. 検定における 2 種類の誤り 146

コラム 損益分岐点の話 147

ワークシート
11. 回帰分析の結果を整理しよう 148

総合課題1　模擬店のプランを作成しよう 149
生活やイベントに関するアンケート 153
総合課題2　企業・ブランドイメージ調査をしよう 159
参考文献 165
索引 167
巻末附録 169

本書では Excel 2007 を使用しています。お使いの OS やソフトのバージョンにより画面デザインや操作（グラフ作成，ピボットテーブルなど）が異なります。しかし，関数計算や分析ツールの内容は，Excel 2003 ～ 2000 とほぼ同じです。

本書の効果的な使い方

■**本書の構成と使い方**

　本書はExcelを利用した記述統計分析を中心に説明しています。各章の学習内容は以下のとおりです。第1章，第2章は表とグラフの表現やマナーをおさらいします。第3章は統計分析をする上で必要となる変数と尺度の概念について説明しています。第4章，第5章は質的なデータの集計方法と結果の読み取り方を学びます。第6章から第10章は量的なデータの整理の仕方や分析手法について説明します。その中で，第6章，第7章，第8章は量的データの分布を捉えデータ間の比較検討を行います。第9章と第10章は2つの量的データの関係性を分析する手法を学習します。第11章では分析結果に意味があるかどうかを判断する方法を学びます。

　各章にはワークシートを付けています。ワークシートの目的は単にExcelによる作業を行うことではありません。結果からどのようなことが読み取れるのかを考察することが大切です。考察は論理的に結論を導き出しているかどうかがポイントです。本書の目的は，得られたデータを自ら加工し，自分なりの解答を論理的に導き出す力を伸ばすことです。是非ワークシートを活用してステップアップしてください。

　巻末には，2つの総合課題を用意しました。

　総合課題1は，アンケート結果から模擬店を立案する課題です。データは，本書専用ウェブサイト（http://www.9640.jp/toukei）から103ケースのデータをダウンロードして活用して下さい。みなさんなら，どのようなプランをたてるでしょうか。本書のシナリオでは，4人の大学生が模擬店の立案に挑戦します。みなさんも彼らに負けないような，もっとすてきな模擬店プランを作成してみてください。

　総合課題2は，シナリオから離れて，企業やブランドのイメージに関する意識調査を実施する課題です。調査票の作成，データ入力，集計・分析および報告書作成といった調査の一連の流れを体験して，総合実践力を養ってください。

■シナリオの登場人物

本書では,身近な視点から統計的手法に触れられるように次のようなシナリオを用意しました。

蓮浦(はすうら)大学の旅行サークル"フィールド＆ワンダー(Field & Wonder)"に所属している2年生の遠藤翔太,佐々木真央,武谷綾子,橋田幸一の4人は春休みにアジア各地をまわる2週間のエコツアーを企画していました。この企画を実行するためには,たくさんの資金が必要です。そこで,彼らは蓮浦大学で毎年11月に開催される「蓮浦大学祭」に模擬店を出店して,費用の一部を調達しようと考えました。できるだけ利益が得られるように互いに知恵を絞り合い,調査をしっかり行って綿密に計画を立てることにしました。

模擬店の出店に向けて調査や分析を進めていく中で,彼らの強い味方となってくれるのが藤田先生です。本書では,各章のはじめに4人の議論の様子を紹介します。その議論のポイントを藤田先生に解説をしてもらいますので,ポイントを理解した上で,本文を読み進めてください。

遠藤 翔太 （蓮浦大学経営学部2年）

マーケティングコースを専攻。中国市場に関心があり,アジアエコツアーは,そのためのネットワークづくりにも役立てようと考えています。4人のリーダー的存在です。

武谷 綾子 （蓮浦大学経営学部2年）

遠藤くんと同じゼミに所属し,「企業の社会的責任」というテーマに取り組んでいます。帰国子女で英語を得意とし,将来は研究者を希望しています。友人から"お嬢様"と呼ばれていますが,気さくな性格です。

佐々木 真央 （蓮浦大学文学部2年）

尊敬する作家は,「よしもとばなな」です。好奇心旺盛な積極派で,地元のタウン誌でショップを紹介するライターのアルバイトをしています。文学部にはめずらしく,好きな科目は統計学です。

橋田 幸一 （蓮浦大学理工学部2年）

スターウォーズに出てきた「R2」に感動して，将来，あのようなロボットを作りたいと思っています。理論派ですが情熱派でもあります。学生会の副会長を務めています。

藤田 奈美 先生 （蓮浦大学経営学部准教授（36歳））

専門は経営統計学です。老舗企業の経営分析を研究テーマにしています。趣味は旅行で，蓮浦大学の旅行サークル"フィールド＆ワンダー"の顧問をしています。「めんどうみがいい先生」との評判で，研究室はいつも学生が集まっています。

■プロローグ ―蓮浦大学祭 模擬店出店計画―

さあ，遠藤くんたち4人はどのように考え，どのような議論を展開していくのでしょうか。彼らの部室を覗いてみましょう。

経営学部の遠藤翔太は，「ビジネスの成功要因の一つは"顧客志向"だ。」とマーケティングの授業で習ったことを話した。

「それって，どういうこと？」佐々木真央がたずねた。

「お客さんの立場で考えるということ。お客さんがどのようなモノやサービスが欲しいと思っているのかを考えて，提供するということよ。それには，アンケート調査などでお客さんの"ニーズ"を知ることが必要になるわ。」遠藤翔太と同じゼミの武谷綾子が先に答えた。

遠藤翔太も続ける。「お客さんが誰かということも大切なポイントなんだ。マーケティングでは"ターゲット"っていうんだけど。」

「その通り。」と，橋田幸一😊「学生会の先輩の話では，学園祭の入場者で最も多い学年は1年生だそうだ。3，4年生は就職活動や卒業研究で忙しいらしい。だから，学園祭は1年生と2年生が中心になる。データを調べてみないと本当かどうかわからないけど，このあたりをターゲットにアンケート調査をしてみようよ。」
　「なるほど。さすが理系。」3人は，いつも冷静に判断する幸一に感心した。
　佐々木真央が言った。「ところで，昨年の売り上げのトップは，サッカー部だったらしいよ。毎年トップの座を守っていた野球部を初めて追い越したらしい。どんなことをしたのかしら。」……（本編に続く）

　彼らの議論を読んでいかがでしょうか。ここで，藤田先生に彼らの議論を解説してもらいましょう。

出店プランを企画するときは，次の手順で行うとよいでしょう。

STEP1 調査研究企画書の作成
STEP2 文献調査（2次データの収集など）
　　　　→調査研究企画書の修正等
STEP3 アンケート調査（1次データの収集）
　　　　（調査票の作成，データの入力）
STEP4 データ分析
　　　　（Excel，SPSSなどの表計算ソフト，統計ソフトを使用）
STEP5 プランの作成
　　　　（報告書などの作成）

出店プランを考えるためには，ターゲットを誰にするのか，彼らのニーズは何なのかを考えるためのデータが必要です。自分たちで調査を行って得るデータを1次データ，既存のデータを2次データといいます。まず既存データを分析して，ターゲットなどの方向性を定めてからアンケート調査でニーズをつかむと効果的です。

それでは，過去のデータ（2次データ）の分析からはじめましょう。

※数を表すNとnの使い分けについて※

N：Numberの略。データの全体数を表す。たとえば，アンケート調査で100人の回答を回収した場合は，N=100と記載する。

n：Nがデータの全体数を表すのに対し，nはある条件で絞り込んだ場合のデータ数を表す。たとえば，全回答者100人のうち，お酒を飲むと答えた20人に対してよく飲むブランドを質問するような場合は，n=20と記載する。

第1章

データをまとめる

KEYWORD

- ●表・グラフのマナー
- ●グラフの種類

2 次データの収集……過去のデータを集める

武谷 ：この前の打ち合わせでは，どんな模擬店がいいのかニーズをつかむためにアンケートを実施することにしたわね。その前にターゲットをしぼるためのデータを集めることにしたのよね。

遠藤 ：学園祭に関する一般的な既存資料は，ほとんど見つからなかったね。

橋田 ：簡単なアンケートは毎年行っているみたいだけど，整理していないんだって。でも，学生会には，学園祭の来場者数のデータがあった。

佐々木 ：じゃあ，その来場者数のデータを分析してみましょう。

武谷 ：でも，どういった分析ができるかしらね。

遠藤 ：数字をみてもわかりにくい。まずは，表をグラフにするところから始めよう。

過去（5 年間）の学園祭の来場者数

	2004 年	2005 年	2006 年	2007 年	2008 年
合計	1,916 人	1,782 人	1,479 人	1,680 人	1,777 人

蓮浦大学学園祭実行委員会の調べ

☆ニーズ＝お客さんの望んでいることは何？

魅力を感じる商品・サービスは……。
→　アンケート調査を実施

☆ターゲット＝メインとなるお客さんは誰？

1年生か2年生か，男性か女性か，タイプは……。
→過去のデータを分析
↓↓
表とグラフの活用

アンケート調査をする前に，既存のデータ（2次データ）を分析することが重要です。分析の第一歩は数値を視覚化することです。データを表やグラフに整理して，読み取ることからはじめましょう。

1-1 表(table)とグラフ(graph)

　調査，観察，実験などによって多くの統計データが得られますが，値そのものから，増減の傾向や集団の構成，あるいは相関関係などを直接理解することは困難です。そこで，それらの数値を目的や用途にそって「表」の形に整理すると，数値のもっている意味が理解しやすくなります。

　たとえば，毎年の売り上げのデータを店舗ごとやエリアごとにまとめるといったような工夫で，店舗間やエリア間の比較ができます。あるいは，毎年の売り上げを3年ごとにまとめることによって，細かい変動にとらわれず全体的な傾向を読み取ることが可能になります。また，レポートなどに記述する場合には，文章で数値を羅列するよりも，表に整理することによって読み手にわかりやすく伝達することができます。

　グラフは「目で見る統計」ともいわれるように，グラフの役割は，表の役割に加え，視覚的にわかりやすくすることです。グラフに表すことによって，値のもつ意味をより単純化することができます。その結果，複雑な構造や原因の探求，また規則性をとらえることが容易になります。視覚化によって意外な事実に気がついたりすることも少なくありません。

　また，統計データをグラフ化することは，見る人に情報をわかりやすく提供するという目的をもっています。そのためには大勢の人々に，どのようなことを知ってほしいのか，また，いかに正確に情報を伝達できるかという視点が重要になります。グラフは，統計データを通して共通の理解を得るためのコミュニケーション・ツールといえるでしょう。

1-2 表のマナー

　表を作成するにあたって，いくつか注意点があります。まず第1に，データの内容が的確にわかる表題（タイトル）をつけることです。表題は内容がよくわかるよう簡潔にし，長すぎないように気をつけましょう。特に，表をレポートに挿入するときは，「表番号」（表1，表2，……）をつけるようにしましょう。分量の多いレポートや報告書などでは，後で表を追加することも

考えられます。そこで，表番号(表1−1，表1−2，……)を章ごとにつけるなどの工夫をしましょう。

次に，表の行と列が，それぞれ何を表しているのかがわかるように「見出し」をつけることも忘れてはなりません。また，円，人，％などの「単位」を明示することが大切です。たとえば，売上高のような金額の場合，円，千円，億円では，まったく内容が違ってきます。他人が読むことを意識しましょう。

そして，表の下に注釈をつけることです。多くの場合は，表の下に書名，発行所，発行年などの「出典」を明示します。10年前の売上データで計画を作成したら失敗してしまうでしょう。また，出典がわかれば，同じような問題意識を持った読者が，関連資料やデータを調べる際の手助けになります。

このほか，表中の数値や文字列は配置に気をつけ，罫線を効果的に使用しましょう。また，小数点をそろえたり，桁区切り記号(1,000，1,000,000)をつけたりして，数値を読みやすくしましょう。全体的な数値の比較が可能となるように合計や小計を効果的に使うなどの配慮が必要です。また，主要な項目に注目させるために，それ以外の項目は「その他」にまとめると見やすくなります。

▶表のマナーのポイント

1) 表題(タイトル)をつける。(ex.「表1　学園祭入場者数」)
2) 行と列に見出しをつけたり，単位を明示する。
3) 注釈をつけて出典を明記する。
4) 罫線，小数点，桁区切り記号，合計，その他を活用して読み取りやすいよう工夫する。

表1　正しい表の一例

「うさぎ屋」の乳幼児保護用品に関する売上高（2010年度）　（単位：千円）

		店舗		
		東京店	千代田店	蓮浦店
商品	チャイルドシート	4,751	2,034	3,045
	ベビーカー	4,028	4,296	2,048
	ベビーチェア	492	482	425
	その他	1,034	1,239	84
	合　　計	10,305	8,051	5,602

蓮浦新聞　平成23年5月31日朝刊第7面より

表2　改善が必要な表の例

「うさぎ屋」の売上高

	東京	千代田	蓮浦
チャイルドシート	4751	2034	3045
ベビーカー	4028	4296	2048
ベビーチェア	492	482	425
その他	1034	1239	84
合計	10305	8051	5602

表2のどこを改善すべきかを，表1と比べて考えてみましょう。

1－3　グラフの種類

グラフには，「棒グラフ」，「折れ線グラフ」，「円グラフ」，「帯グラフ」，「散布図」などいくつかの種類があります。それぞれのグラフにはそれぞれの持ち味(特徴)があります。統計データを最もわかりやすく表現するためにどのグラフを用いるのがよいのかをよく吟味して，最適なグラフを選択しましょう。

(1) 棒グラフ：数値を棒の長さで表現するグラフ

- 数や量の大小比較に用いられます。データの数が少ない時系列グラフにも利用します。
- ゼロの線から上下に棒を描くことにより，負の値を含むデータについても使用できます。

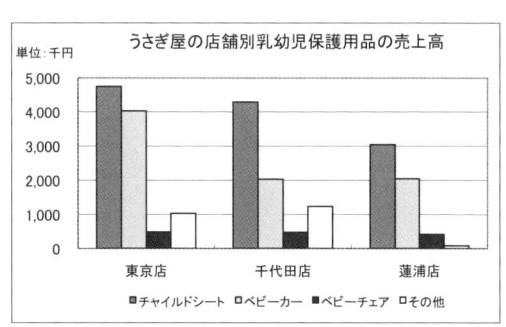

図1　複合棒グラフ

- 項目の順序に意味がなければ，大きいもの順に並べると見やすくなります。
- 単純棒グラフ，積み上げ棒グラフ，複合棒グラフなどがあります。

(2) 折れ線グラフ：隣接する数値を高さとして直線で結んだグラフ

- 多くの場合，時系列グラフとして数や量の時間的な推移や変動を見るときに使用します。
- 折れ線の傾きが右上がりか，右下がりかにより，全体的な増加や減少の傾向がわかります。

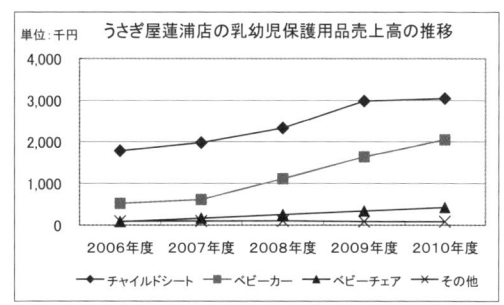

図2　折れ線グラフ

(3) 円グラフ：属性ごとの構成比率を円の図に示したグラフ

- 数や量の値そのものではなく，全体に対する各カテゴリーの割合をみるときに使用します。
- カテゴリーは，12時を基点に時計回りに配置します。
- 項目の順序に意味がなければ，大きいもの順にしますが，「その他」

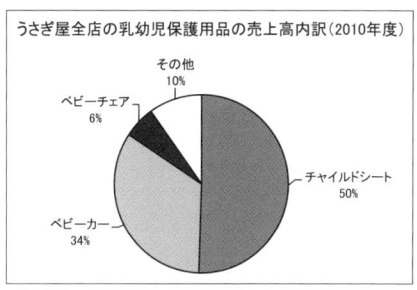

図3　円グラフ

は値が大きくても最後に配置します。
- 複数の円グラフで個々のカテゴリーを比較すると，軽微な差異をとらえにくい場合があります。

(4) 帯グラフ：属性ごとの構成比率を帯の図にしたグラフ

- 全体に対する各カテゴリーの割合(比率)を，複数のデータで比較する場合に使用します。
- 複数の円グラフを使用するよりも比較がしやすくなります。
- 各カテゴリーの順序に意味がなければ，大きいものから順に配置するとわかりやすくなります。

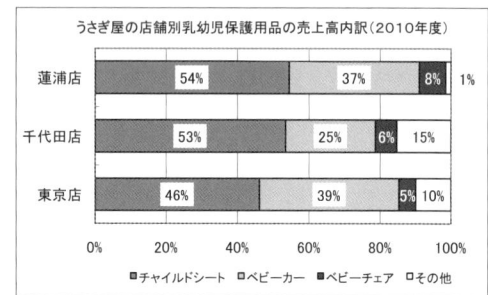

図4　帯グラフ

(5) 散布図：2つの変数をそれぞれ縦軸と横軸とし，数量をプロットしたグラフ

- 例えば，小学生の身長と体重，大学生の学習時間と成績，企業の広告費と売上高のように，2つの変数の相関関係をみるときに使います。(第9章参照)

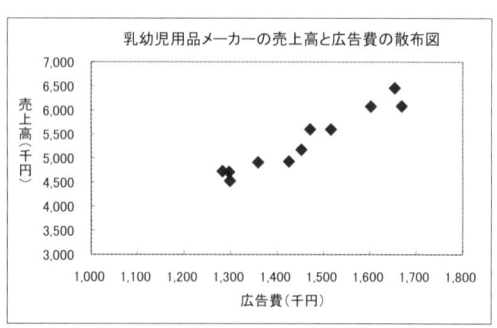

図5　散布図

1−4 グラフのマナー

グラフのマナーは，基本的には表のマナーと同じです。読者がグラフを見ただけで内容がわかるようにしましょう。また，タイトル，単位，軸ラベル，出典を明示することはもちろんです。

特に，グラフの種類で示したように，それぞれの特徴を理解して，どのグラフを使えば最も効果的かをよく考えて選択することが肝心です。

レポートや論文にはカラー(色つき)のグラフを入れることもできますが，モノクロのコピーを取ったときなどは区別がつかなくなる場合があります。状況を考慮して，網掛けや濃淡を利用するような配慮も大切です。

なお，プレゼンテーションでは，カラーを効果的に使いましょう。あまり多くの色を使うと重要なポイントが不明確になり，わかりにくくなってしまいます。おおよそ，3色程度が適当といわれています。

1−5 Excel を使ったグラフの描き方

では，実際に Excel を使ってグラフを作成してみましょう。この章では，簡単なデータを使ってグラフを描いてみます。まず，表3のデータを Excel に入力しましょう。

表3　過去(5年間)の学園祭の来場者数(人)

	2004年	2005年	2006年	2007年	2008年
合　計	1,916	1,782	1,479	1,680	1,777

蓮浦大学学園祭実行委員会の調べ

次に，グラフを作成していきます。図6に従って折れ線グラフを選びましょう。

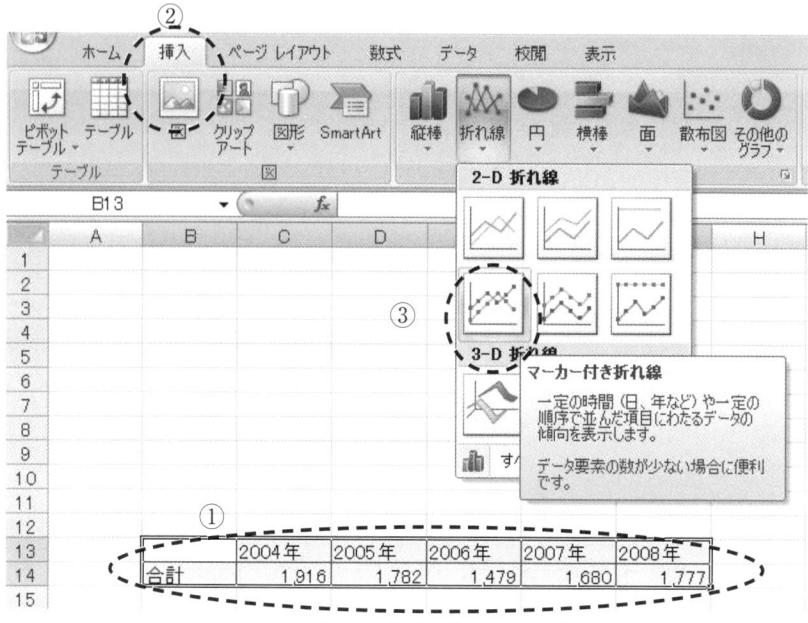

図6 グラフの作成 (ステップ1)

①グラフを描くのに必要な表の範囲を指定する。
②リボンの[挿入]タブをクリックする。
③グラフの[折れ線]をクリックし,[マーカー付き折れ線]をクリックする。

次に,図7に従ってタイトルや軸ラベルなど必要なグラフ要素を追加・修正しましょう。

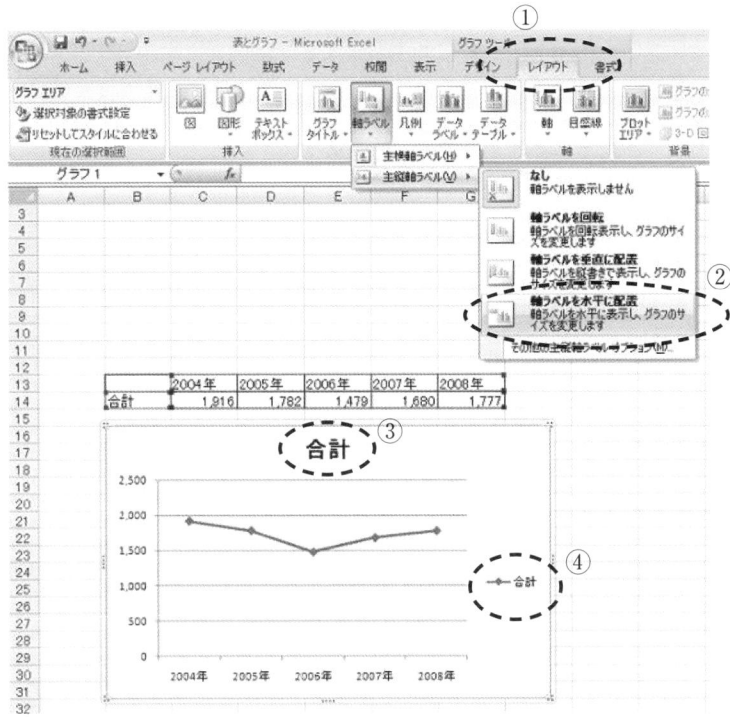

図7　グラフの作成(ステップ2)

① リボンの［レイアウト］タブをクリック。
② 軸ラベルの［主縦軸ラベル］をクリックし，［軸ラベルを水平に配置］をクリックして，縦軸ラベルに「単位：人」を追加して，適当な場所に移動する。
③ グラフタイトルの「合計」を2回クリックして，「学園祭来場者数の推移」に変更する。
④ 凡例をクリックし，キーボードのDEL(delete＝削除)キーを押して，凡例を削除する。

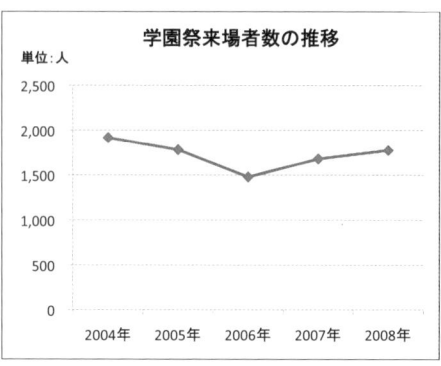

図8　グラフの完成例

ワークシート 1-1　表のマナーを身につけよう

▶次の空欄に適切な語句を記入しなさい。

(1) 各表には内容がよくわかるような［　　　　］をつける。

(2) レポートに表を挿入するときは，［　　　　］をつける。

(3) 行と列が，それぞれ何を表しているのかがわかるように［　　　　］をつける。

(4) 表の値を正確に読み取るために，［　　　　］を明示する。

(5) 表の下に注釈を付け，データの［　　　　］(書名，発行所，発行年)などを明示する。

(6) 必要に応じて［　　　　］を引き，表中の値の配置をそろえる。

(7) 桁数の大きい数値には，［　　　　］をつける。

(8) 表に小数点以下の値が複数ある場合は，小数点以下の［　　　　］をそろえる。

(9) 主要ではない項目が多数ある場合は，すべて表示するよりも［　　　　］にまとめる。

(10) 全体の比較ができるよう［　　　　］や小計を表示する。

ワークシート 1-2 マナーに注意して表を改善しよう

▶表 b を見本にして，表 a の改善すべきところを具体的に示しなさい。

表 a 教育費

		授業	PTA	通学・学用品	合計
小	公	—	5107	1269	6376
	私	34314	9822	5259	49395
中	公	—	7936	1836	9772
	私	32816	9627	9193	51636
高	公	9923	4429	6883	21235
	私	31586	12616	9899	54101

表 b 毎月の学校教育費(臨時支出を除く)

(単位：円)

		学校への納付金			通学費学用品費	合計
		授業料	PTA 等諸会費	小計		
小学校	公立	—	5,107	5,107	1,269	6,376
	私立	34,314	9,822	44,136	5,259	49,395
中学校	公立	—	7,936	7,936	1,836	9,772
	私立	32,816	9,627	42,443	9,193	51,636
高校	公立	9,923	4,429	14,352	6,883	21,235
	私立	31,586	12,616	44,202	9,899	54,101

「子どもの教育費」2000 年 6 月東海銀行調べ
出典　竹内宏編『アンケート調査年鑑 2001 年版』並木書房 2001

- _____
- _____
- _____
- _____
- _____
- _____

第2章

データの視覚化による発見

- エクセルでのグラフ作成
- 視覚化

学年別に学園祭来場者数を考察

橋田：学年別の来場者数のデータが手に入ったよ。

佐々木：2007年は1年生の参加者が格段に増えているわ。なぜかしら。

武谷：2007年といえば、「こども学科」が新設された年じゃなかったかな。入学定員は確か50人だって聞いたわ。8割以上が女性だそうよ。

遠藤：入学者数が増えたから学園祭に参加する学生が増加したんだね。そういえば2年生も増えてきているね。2008年の増加率がもっとも高いのは2年生だよね。

橋田：それも「こども学科」の影響かもしれないね。それに比べて3,4年生は微増だ。3,4年は就職や卒論で忙しいから、今年もあまり期待できないな。

武谷：わからないわよ。今年はこども学科の1期生が3年生になるでしょう。彼女たちがどのような動きを見せるんだろう。

遠藤：調査対象に入れておく必要があるかもしれないね。詳しく分析してみよう。

過去(5年間)の学園祭の来場者数データ(学年別)(単位：人)

	2004年	2005年	2006年	2007年	2008年
1年生	279	251	221	302	310
2年生	232	222	189	227	267
3年生	162	139	66	85	90
4年生	93	78	53	58	62
学外者	1,150	1,092	950	1,008	1,048
合計	1,916	1,782	1,479	1,680	1,777

蓮浦大学学園祭実行委員会の調べ

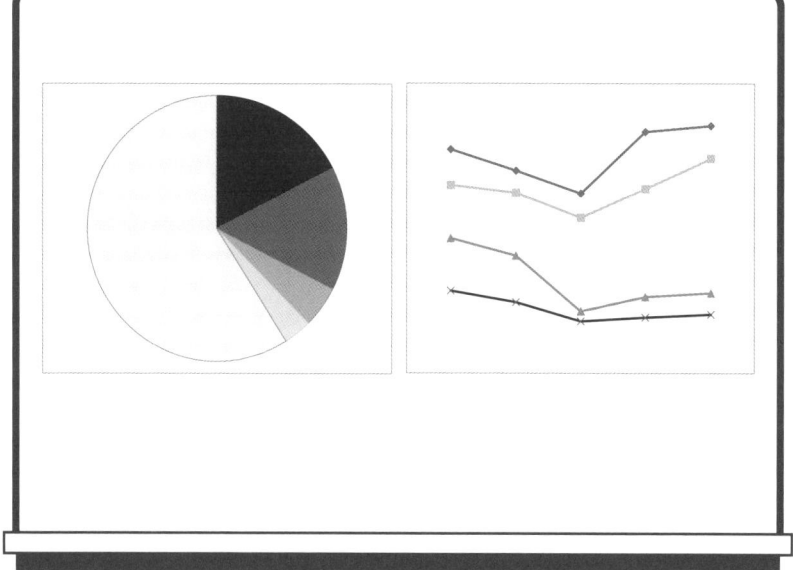

何を明らかにしたいのかによって、グラフの種類を変える必要があります。どのような時にどのグラフを使えばよいのかを考えて、グラフを作成しましょう。

2-1 ▶ Excel による表の作成

前章では，グラフの種類とそれぞれの特徴について学習しました．本章では，グラフのマナーに気をつけながら，学年別の学園祭来場者数のデータを使ってさまざまなグラフを描いてみます．

まず，図1のようにデータを Excel に入力しましょう．

	A	B	C	D	E	F
1						
2	過去(5年間)の学園祭の来場者数データ(学年別)					
3						(単位：人)
4		2004年	2005年	2006年	2007年	2008年
5	1年生	279	251	221	302	310
6	2年生	232	222	189	227	267
7	3年生	162	139	66	85	90
8	4年生	93	78	53	58	62
9	学外者	1150	1092	950	1008	1048
10	合計					
11						

図1 データの入力画面

次に，オート SUM(Σ)機能を使って合計欄に各年の合計を計算しましょう．

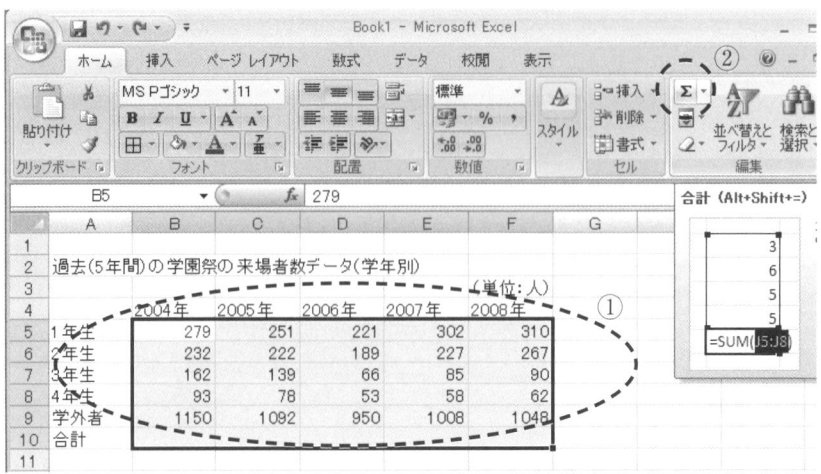

図2 合計の算出

①範囲を指定する。
②ホームタブのオート SUM（Σ）ボタンをクリックする。

　最後に，罫線を描いたり，見出しを中央揃えにしたり，桁区切りスタイルにするなど書式を整え，ファイルを保存しましょう。

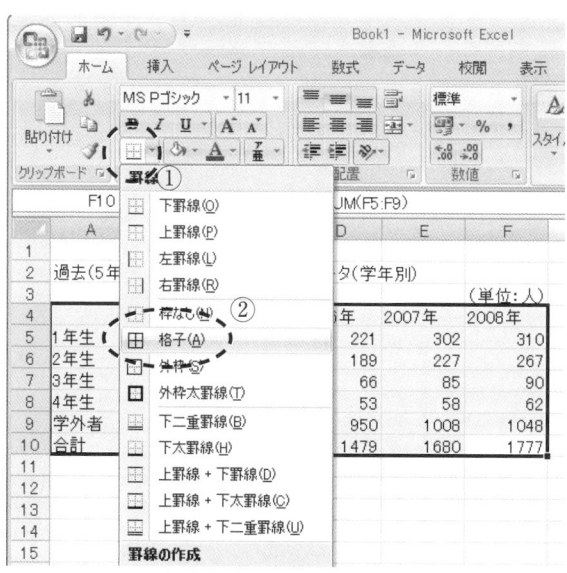

図3　罫線の描画

①範囲を指定して，罫線ボタンをクリックする。
②［格子］を選択する。

2-2 ▶ Excel によるグラフの作成

　さて，図1の来場者数の内訳を分析してみると，学外者の人数が全体の半数を超えており，学内者数が比較的少ないことがわかります。ここでは，来場者数の割合を視覚化するために，2008年のデータを使って Excel で円グラフを描いてみましょう。図4の完成見本と第1章のグラフ作成方法を参考にしてください。

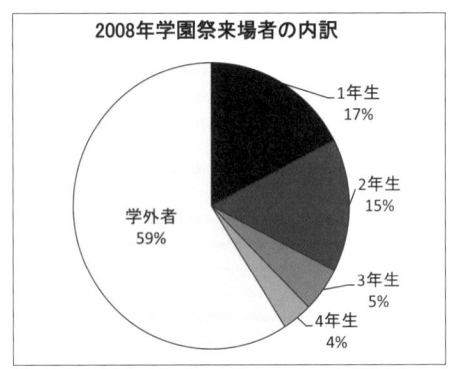

図4　円グラフの完成見本

　まず，グラフを作成するには，グラフに使用するデータ部分を範囲指定することから始めます。離れたセルを範囲指定するときは，Ctrl キーを使います。

	A	B	C	D	E	F
1						
2		過去(5年間)の学園祭の来場者数データ(学年別)				
3						(単位：人)
4	①	2004年	2005年	2006年	2007年	2008年 ②
5	1年生	279	251	221	302	310
6	2年生	232	222	189	227	267
7	3年生	162	139	66	85	90
8	4年生	93	78	53	58	62
9	学外者	1,150	1,092	950	1,008	1,048
10	合計	1,916	1,782	1,479	1,680	1,777
11						

図5　見出しと2008年のデータを選択

① セル A4 ～ A9 をドラッグする。
② Ctrl キーを押しながら，セル F4 ～ F9 をドラッグする。

　次に，グラフの種類を選択しましょう。

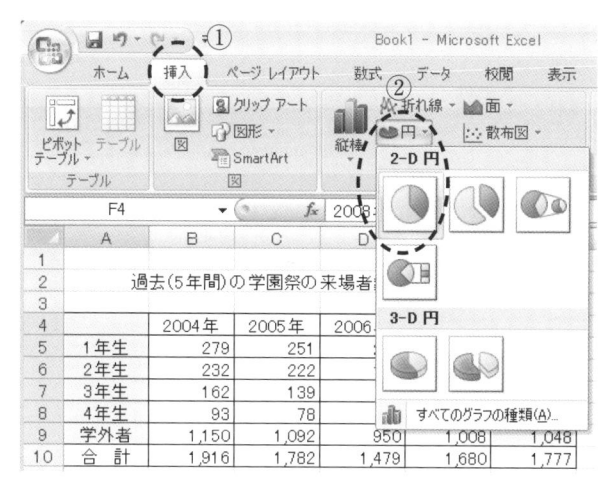

図6　円グラフの選択

① [挿入] タブをクリックする。
② [グラフ] の [円] をクリックして，左上の「2-D 円」を選択する。

　次に，モノクロで印刷する場合のことを考え，同色のグラデーションを選ぶようにしましょう。

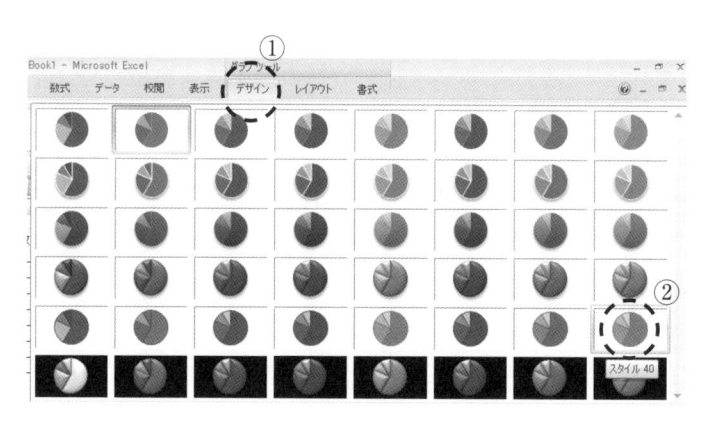

図7　円グラフのデザイン変更

① [デザイン] タブの [グラフのスタイル] の一覧を表示する。
② 同色グラデーションのスタイルを選択する。

続いて，データラベルを変更しましょう。

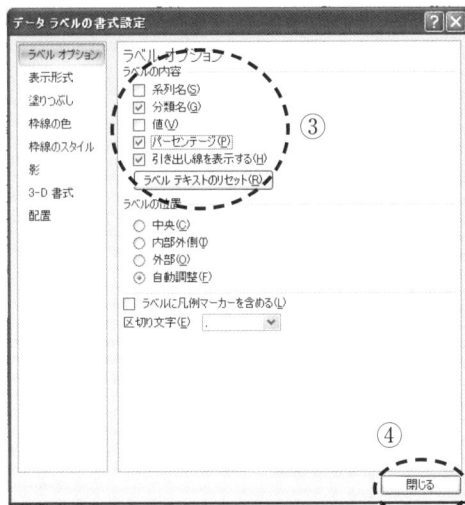

図8　データラベルの変更　　図9　データラベルの書式設定画面

①[レイアウト] タブの [データラベル] をクリック。
②[その他のデータラベルオプション] をクリックしてデータラベルの書式設定画面を表示。
③[分類名]，[パーセンテージ]，[引き出し線を表示する] にチェック。
④[閉じる] をクリック。

　あとは適宜グラフのタイトルを修正し，凡例を削除しましょう。
　さて，円グラフをみてみると，学外者が60％近く占めることがわかりました。しかし，そもそも学外者を対象として調査を実施することは難しいですし，学外者は学内者の友人や家族が多いだろうと予測できます。したがって，データから学外者を除いて分析することにします。
　次に，各学年の来場者数の推移を折れ線グラフで描いてみましょう。それぞれの学年は一体どのような変化をしているでしょうか。
　そのほか，学内者の来場者について，全体と内訳の両方の推移をみるためには積み上げ棒グラフが有効です。

このように，1つの表から様々なグラフを描くことができます。

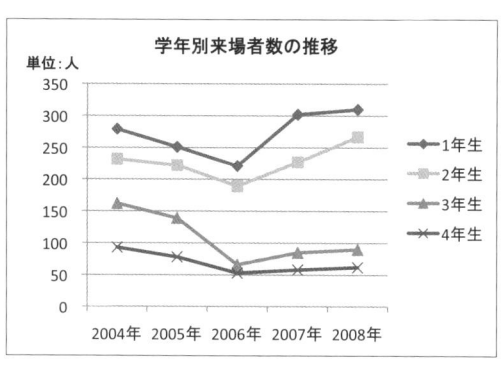

図10　折れ線グラフの完成見本

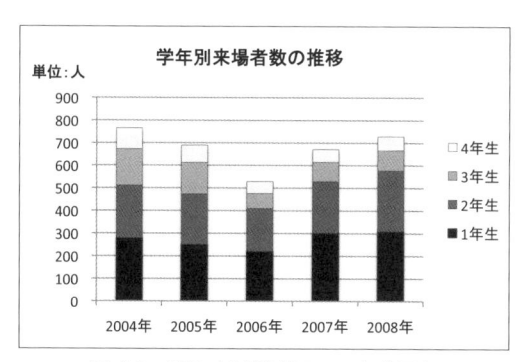

図11　積み上げ棒グラフの完成見本

以上，Excel によるグラフの作成方法について説明してきました。最後に，グラフを作成する場合の注意点を整理しておきます。

1) まず何をみたいのか，目的を明らかにする。
2) 目的に応じてグラフの種類を選択し，完成イメージをもつ。
3) 完成イメージから，グラフ作成に必要なデータの範囲を把握する。

視覚化によるウソ
―グラフの表現によって2倍が4倍に！―

　統計について書かれた本には，統計によるウソをどのように見抜くかということが書かれています。イギリス元首相であるベンジャミン・ディズレーリは，「この世には3つの嘘が存在する。『嘘』『大嘘』そして『統計』だ」(There are three kinds of lies: lies, damned lies, and statistics) と言っています。統計は使われ方によっては，ダマされることも多く注意しなければなりません。

　統計の嘘にはいくつかの種類があります。「街で100人に聞きました」などのデータを日本人の代表意見のように扱うなど調査の方法によるもの，また，データの表現方法によるものなどです。データの表現方法によるウソには，絵グラフでのウソというものがあります。

　図aはどこか変だと思いませんか。タイトルは「A市の所得はB市の2倍」ですが，このグラフの表現ではもっと大きな差があるような印象ですね。なぜなら袋の容量が2倍よりも大きくなっているからです。

図a　A市の所得は，B市の2倍

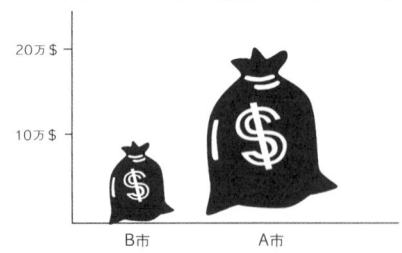

　本来，A市の所得がB市の2倍ならば，図bのグラフが正しい表現です。視覚効果をねらって，図aのような表現をすると誤解を招きかねません。

　私たちは，知らず知らずのうちに統計でだまされていることもあるのではないでしょうか。

図b　A市の所得は，B市の2倍

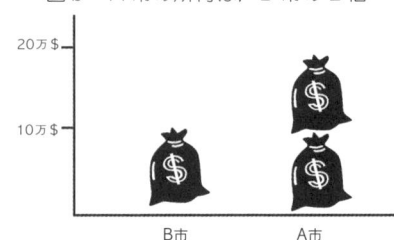

ワークシート2　グラフを読み取ろう

▶次の図は，毎月の学校の教育費に関するデータをグラフに表したものです。それぞれのグラフからどのようなことが読み取れるでしょうか。具体的に述べなさい。

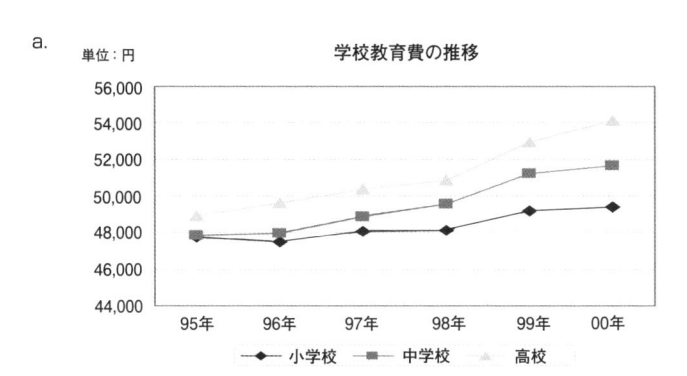

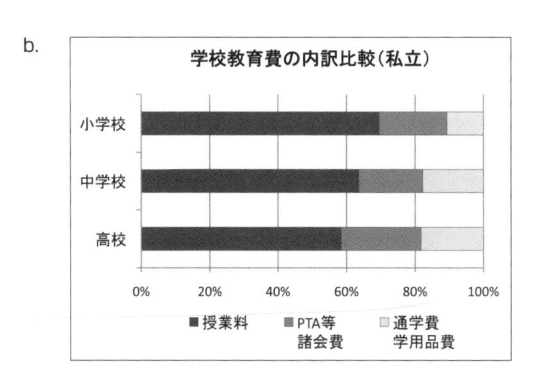

a.

学校教育費の推移（単位：円）

b.

学校教育費の内訳比較（私立）

第2章　データの視覚化による発見　25

c. 学校教育費の比較

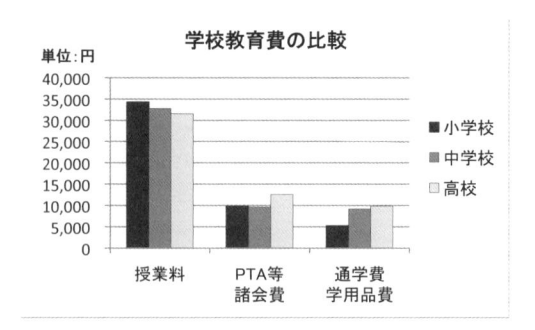

単位：円
■小学校　■中学校　□高校

（グラフ：授業料、PTA等諸会費、通学費学用品費）

d. 学校教育費の内訳（私立高校）

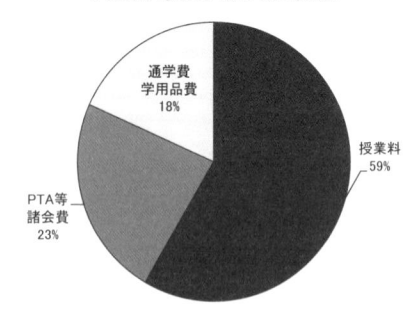

- 授業料 59%
- PTA等諸会費 23%
- 通学費学用品費 18%

第3章

仮説を検証するための道具

KEYWORD
- 名義尺度，順序尺度，間隔尺度，比例尺度
- 質的変数，量的変数
- 仮説，検証，因果関係

アンケート票の作成……質問項目を考える

遠藤：過去の学園祭の来場者数をみると，1年生が主要なターゲットであることは明白だね。でも，具体的にどんな店舗にしたらいいんだろう。

武谷：1年生について，もっと詳しく知る必要があるわ。そのためにアンケートを実施して，1年生がどんなことを望んでいるかを探らないとね。

佐々木：手分けして，アンケート調査票の質問項目を考えましょうよ。

遠藤：その前に，調査のための仮説について，ブレーンストーミングしよう。一番買ってくれそうな人は誰？　学園祭で一番お金を使ってくれる人。ターゲットだね。

橋田：女の子のサイフのヒモはかたい。でも，"かわいい"ものだとつい買ってしまうかもしれないけど。

佐々木：やっぱり男子よ。衝動買いとかつき合いみたいな無駄づかいが多いし。一番こづかいが多い人じゃないの。

橋田：いくらお金を持っていても，使ってくれなきゃ意味がない。学園祭での使用金額の許容範囲はどのくらいだろう。

武谷：そのあたりも調べておく必要があるわね。自由に使えるお金，つまり可処分所得が多くて，学園祭でもお金を使う。いいものなら高くても買う。友だちも連れてくる……。そんな人がいい。他には何を聞く？

遠藤：ずばり模擬店の商品を聞こう。僕の仮説は，男女によって，食品の好みが違うということ。男女別に集計すれば，傾向が見えると思う。

橋田：あとは，イベントや祭りに行く頻度かな。それと，……。

☆仮説
　　対象は1年生か，男子か女子か，こづかいの多い人か……
→お金をどのくらい使う？　ターゲット別の金額の把握が必要

☆アンケートでの金額の聞き方は？
<u>方法1.</u>　ずばり金額を数値で答えてもらう
　　メリット＝平均値などが計算できて比較可能
　　デメリット＝答えにくい，バラバラ，まとめた数字になる……
<u>方法2.</u>　カテゴリーで聞く　　50〜100円未満など……
　　メリット＝答えやすい
　　デメリット＝計算できない→応用が限られる

> アンケートの質問項目を考えるときは，あとでどのような集計や分析をするのかを考えておく必要があります。質問の仕方によって集計方法が変わってくるからです。そのために，変数や尺度などデータ分析に必要な基礎知識を理解しておきましょう。

3-1 ▶ 変数(variable)と尺度(scale)

統計では，違いを明確にするためにいろいろなものを測定します。測るためには尺度となる基準が必要です。たとえば，「長さ」と「色」の違う2本のひもがあるとしましょう。「長さ」は，2本のひもが「同じなのか異なるのか」という性質(同一性)に加え，「どちらのひもが長いのか」という性質(順序性)をもっています。さらに，ものさしを使えば，「何cmの差があるのか」(加法性)とか，「何倍の長さがあるのか」(等比性)を知ることができます。

それに対して，「色」は2本のひもが同じなのか異なるのかという判断はできますが，赤や青といった「色」の名前そのものには順番という性質はありません。したがって量的な測定はできません。

このように，「長さ」や「色」のように個々のケースによって値が変化するものを変数といいますが，変数がもっている性質が異なっていることに注意しましょう。

変数は，その性質によって，質的変数(qualitative variable)と量的変数(quantitative variable)の2つに大きく分類されます。

質的変数は，数量計測できない変数です。例えば，色のほか，性別や職業など様々なものがあります。これらの変数の値は，性別ならば，男性＝1，女性＝2，職業ならば，会社員＝1，自営業＝2のように集計の都合上，便宜的に数値で表現することがあります。しかし，この数値は数量を表現しているわけではないので，平均値などを算出しても意味がありません。

質的変数のうち，性別や職業などのように対象の単なる質的な違いに対して数値を割り振ったものは名義尺度(nominal scale)に分類され，順位など対象の順序に従い数値を割り振ったものは順序尺度(ordinal scale)に分類されます。名義尺度に分類される変数は，同一性のみ，順序尺度に分類される変数は同一性，順序性の性質をもっています。

一方，変数の値が連続的な数量としてみることができる変数のことを量的変数といいます。量的変数は，数値の割り振り方が等間隔になっており，計算が可能です。つまり，量的変数は平均を算出して意味がある変数です。

量的変数のうち，温度などの変数のように絶対的な原点のないものは間隔

尺度(interval scale)に分類されます。一方，長さや重さなどのように絶対的な原点をもったものは比例尺度(ratio scale)に分類されます。

　間隔尺度に分類される変数のデータは同一性，順序性のほか，加法性の性質を持っており，加算，減算が可能ですが，乗算，除算は意味がありません。一方，比例尺度に分類される変数のデータは，同一性，順序性，加法性，等比性の性質を持っており，加減乗除が可能です。

　このように，変数はその性質によって4つの尺度に分類されるのです。

表1　変数と尺度の分類

変数	尺度	性質	変数例
質的変数 (qualitative variable)	名義尺度 (nominal scale)	同一性(性別が等しい，等しくない)	性別，在籍学科名
	順序尺度 (ordinal scale)	同一性(コーヒーと紅茶は同じくらい好き) 順序性(ココアより紅茶が好き)	順位 (好感度ランキング，競走の着順)
量的変数 (quantitative variable)	間隔尺度 (interval scale)	同一性(明日の最高気温は今日と同じ) 順序性(明日の最高気温は今日よりも高い) 加法性(明日の最高気温は今日より1度高い)	温度
	比例尺度 (ratio scale)	同一性(AはBと同じ重さ) 順序性(AはBより重い) 加法性(AはBより1キロ重い) 等比性(AはBの2倍の重さ)	身長，体重，人口，所得など

3−2 ▶ 仮説(hypothesis)

　社会科学では仮説を検証するという作業を行います。仮説とは，ある現象を合理的に説明するため，仮に立てる説のことをいいます。仮説は，調査や実験，観察などによって検証を行っていきます。このように分析の対象について仮説を立てて検証していく分析手法を「仮説検証型分析」といいます。

　サークルの中心メンバーである遠藤翔太，佐々木真央，武谷綾子，橋田幸一の4人は，学園祭の模擬店の出店にあたって，調査から始めることにしました。本章の冒頭のシナリオと，総合課題1(154ページ)の「生活やイベントに関するアンケート」調査票を参照してみて下さい。彼らはどのような仮説を立て，検証をしようとしているのでしょうか。

　本章の冒頭シナリオのディスカッションには，いくつもの仮説が含まれています。たとえば，「男性は女性より学園祭でお金を使う」，言い換えると，「性差によって学園祭の使用金額に差違がある」というのも1つです。この仮説には2つの変数が使われています。男性・女性という性別(名義尺度)と使用金額(比例尺度)です。

　仮説を立てる場合には，因果関係(causal relationship，因＝原因，果＝結果)を前提に考えます。そして，説明する方の変数を独立変数(independent variable，説明変数)，説明される方の変数を従属変数(dependent variable，被説明変数)と呼びます。原因となる条件が独立変数で，結果としての事柄が従属変数となるということです。

　ただし，原因に見当がつかないなど，仮説を設定することが難しい場合もあります。このような場合には「問題発見型分析」を行います。

パレートの法則からマイレージへ

　80：20の法則ということを聞いたことがありますか。パレートの法則は，イタリア経済学者V．パレート(Pareto)が提唱したもの。別名2：8の法則とも言われます。この法則はいろいろなところで使用されています。全商品の20％が80％の売上を作る(ABC分析)というものです。20％を売れ筋商品，80％は死に筋商品といいます。これによって，仮に全体で10商品あった場合，まず，その最上位の2つの商品を重点的に仕入れれば，全体の80％を改良したのと同等の結果が期待できるというものです。マイレージがはじまったのも，発想は同じです。アメリカン航空が，顧客について調べたところ，全顧客の20％が全体売上の80％を占めるということに近い結果が出ました。それなら，その20％の顧客を大切にした方が良い(もし他の航空会社にスイッチしたら大変なことになります)。そこで，20％の優良顧客にサービスをはじめたのがマイレージサービスだったのです。この戦略は大成功をおさめました。

　下の図はよく使用されるパレート図の一例です。

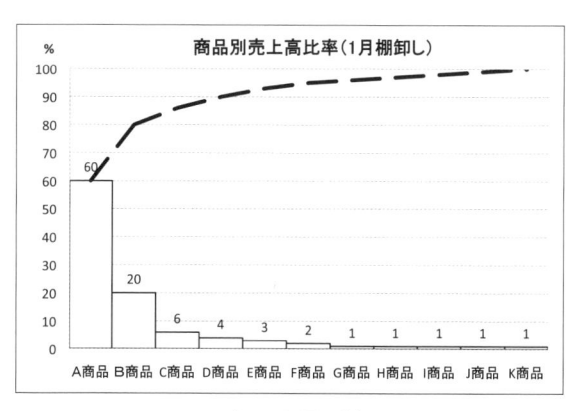

パレート図の例

第3章　仮説を検証するための道具

ワークシート 3-1　アンケート調査項目を 4 つの尺度に分類しよう

▶ 154 ページの「生活やイベントに関するアンケート」に回答しなさい。次に各質問の選択肢が 4 つの尺度のどれに当てはまるかを考えて，下の表に質問番号（Q1……）を記入しなさい。

質的変数	名義尺度	
	順序尺度	
量的変数	間隔尺度	
	比例尺度	

ワークシート 3-2 　4つの尺度を使って質問文と選択肢をつくろう

▶ 4つの尺度をそれぞれを使って，食堂（学生食堂，社員食堂，よく行く飲食店などを想定して）のメニューや要望についての質問文と選択肢をつくってみよう。

名義尺度

順序尺度

間隔尺度

比例尺度

第4章

全体の傾向をつかむ

KEYWORD
- データの入力
- 単一回答方式
- 複数回答方式
- 単純集計
- 度数分布表

アンケート票の集計 …… データを入力して質問項目ごとに集計する

― 遠藤，橋田，佐々木，武谷は，アンケート調査票を完成させ，1年生を対象に調査を実施した。そして，回収した調査票のデータを Excel に入力した。―

橋田：回答の方式によってデータの入力の仕方が違うから気をつけて。単一回答は選択された番号を入力。複数回答は，選択肢そのものを変数にして1か0を入力するように。初めての人には，結構ややこしい。

佐々木：金額そのものを答えてもらった質問項目はそのまま値を入力すればいいのよね。

遠藤：そのとおり！

武谷：まずは，全体の傾向をつかむ必要があるわ。入力が終わったらまず質問項目ごとに集計して，ディスカッションしましょう。

☆単一回答の入力

	Q1	…
001	1	
002	2	

☆複数回答の入力

	Q1-1	Q1-2	Q1-3	…
001	1	0	0	
002	0	1	0	

> アンケート結果の分析は,まず全体的な傾向をつかむことが大切です。質的変数と量的変数では,集計のやり方が異なります。質的変数のデータは,単純集計からはじめましょう。

4-1 変数とデータの入力

本章では，質的変数に分類されるデータ，すなわち質的データを整理する方法を学びます。

アンケート調査の回答の集計にあたっては，多くの場合は，数値データに置き換えることを前提に行われます。ですから，データは数値に置き換えられるように，選択肢には数字が割り当てられています。他には，自由回答方式で実施し，後で数字コードをつけるような方式もあります。最近では，文字データを使った，テキストマイニングという手法も開発されています。

よく用いられる回答方式は，単一回答方式(single answer)と複数回答方式(multiple answer)です。単一回答方式とは，いくつかの選択肢を用意しておき，その中から1つだけを選択して回答してもらう方式です。一方，複数回答方式は複数の選択肢を選んでもらう方式です。

例をあげて説明しましょう。下の囲みの中は，単一回答方式の質問と選択肢の例です。選択肢は，［1．はい　2．いいえ］といった2項目選択式もあります。単一回答方式の変数は，たとえばQ1とします。データは○印のついた1から5までの数値を入力します。

＜単一回答方式の質問例＞

| Q1. 次にあげたくだもののうち，あなたが好きなものはどれですか。 |
| あてはまるものの番号に，1つだけ○印をつけてください。 |
| 　　1．りんご　　2．みかん　　3．バナナ　　4．いちご　　5．その他 |

＜回答例＞

001　(1.)りんご　　2．みかん　　3．バナナ　　4．いちご　　5．その他
002　　1．りんご　　2．みかん　　(3.)バナナ　　4．いちご　　5．その他

ここで，001，002は，回答者の番号です。データを入力する前に，調査票に連続した番号を割り当てます。したがって，有効回答者数の数だけの番号が割り当てられます。この番号をサンプルナンバー(SNo.)と呼びます。

＜入力データ例＞

SNo.	Q1
001	1
002	3

　単一回答方式の場合，変数はQ1の1つですが，複数回答方式の場合は，選択肢の数だけ変数が必要です。たとえば，Q1－1，Q1－2，Q1－3，Q1－4，Q1－5というようになります。データの入力は，それぞれの変数に対して，○印があれば1を，○印がなければ0(ゼロ)を入力します。

＜複数回答方式の質問例＞

Q1. 次にあげたくだもののうち，あなたが好きなものはどれですか。
　　あてはまるものの番号に，いくつでも○印をつけてください。
　　1．りんご　　2．みかん　　3．バナナ　　4．いちご　　5．その他

＜回答例＞
001　⑴．りんご　　2．みかん　　3．バナナ　　④．いちご　　5．その他
002　1．りんご　　②．みかん　　③．バナナ　　④．いちご　　5．その他

＜入力データ例＞

SNo.	Q1－1	Q1－2	Q1－3	Q1－4	Q1－5
001	1	0	0	1	0
002	0	1	1	1	0

4－2　Excelによる単純集計

　質的データを整理する方法は，単純集計とクロス集計があげられます。この集計結果を示す表を「度数分布表」といいます。単純集計は，各変数の値がそれぞれどれだけの回答数を得ているか，またどれだけの割合になっているのかなど全体の傾向を把握するための集計です。
　また，単純集計は入力データの最終チェックのために利用することがあります。先の例で，単一回答方式のデータに1～5以外の数値，たとえば8という値が入っていたり，複数回答方式では，1か0以外の数字が入力されていた

りする場合があります。単純集計を行うことによって，このような入力ミスを発見し修正するといったデータクリーニング[※]が可能です。

本節では，Excel を使って単純集計を行う方法について学習していきます。ここでは，蓮浦大学の 4 人が実施した「生活やイベントに関するアンケート」調査のデータの一部をサンプルデータとして利用します。回答数は 20 人(票)，データは次の質問の回答データを用いることにします。

・Q2：イベントや祭りに出かける程度＝単一回答
・Q3：選択肢にあげたイベントや祭りへの参加の有無＝複数回答
・Q10_A：お祭りなどの屋台で食べ物を購入する金額(全体)＝数量回答
・Q10_B：同(1 食品あたり)＝数量回答
・F1：性別＝単一回答
・F2：住居形態＝単一回答

それでは，サンプルデータ用いて単純集計を行ってみましょう。まず，図 1 のサンプルデータを Excel に入力しましょう。次に，データを加工するときは，入力したオリジナルデータは残しておいて，作業用のシートにデータをコピーしてから作業をはじめるようにしましょう。

	A	B	C	D	E	F	G	H	I	J	K	L	M	N	O	P
1	no	q2	q3_01	q3_02	q3_03	q3_04	q3_05	q3_06	q3_07	q3_08	q3_09	q3_10	q10_A	q10_B	f1	f2
2	1	3	0	0	1	0	0	0	1	0	1	0	1000	300	2	2
3	2	4	1	0	0	1	0	0	1	1	0	0	1500	500	1	2
4	3	3	1	1	1	1	1	0	1	1	0	0	1500	400	1	1
5	4	2	0	0	0	0	1	0	0	0	1	0	2000	500	1	2
6	5	3	1	0	0	1	0	0	0	1	0	0	1000	200	1	1
7	6	4	0	0	1	1	0	1	0	0	1	0	300	150	2	1
8	7	4	1	0	1	0	1	0	0	0	0	0	1000	300	2	1
9	8	3	1	0	0	0	0	0	0	0	1	0	3000	500	2	2
10	9	2	0	0	0	0	0	0	0	0	0	1	5000	1500	2	2
11	10	5	1	0	0	0	0	0	0	0	0	0	600	300	1	1
12	11	5	0	0	0	0	0	1	0	0	0	0	1000	400	1	1
13	12	5	0	0	0	0	0	1	0	0	0	0	0	0	1	1
14	13	4	1	1	0	1	0	0	1	0	1	0	500	300	2	2
15	14	5	1	0	1	0	1	0	1	0	0	0	1200	300	1	2
16	15	3	1	0	0	0	1	1	1	0	0	0	10000	1000	1	1
17	16	2	1	0	1	1	1	1	1	1	0	0	1500	300	1	1
18	17	4	1	1	0	0	0	0	0	0	0	0	10000	300	2	3
19	18	2	0	0	0	0	0	0	0	0	0	0	1500	600	1	1
20	19	6	0	0	0	0	0	0	0	0	0	0	5000	800	2	2
21	20	1	1	1	0	0	1	0	0	0	0	0	2000	300	2	1

図 1　サンプルデータ

[※] アンケートの回答ミスやデータの入力ミスを点検して訂正する作業のこと。

(1) 単純集計 (実数)

次に、ピボットテーブルの機能を使って、単純集計を行います。ここでは、例として Q2 について、単純集計をしてみます。

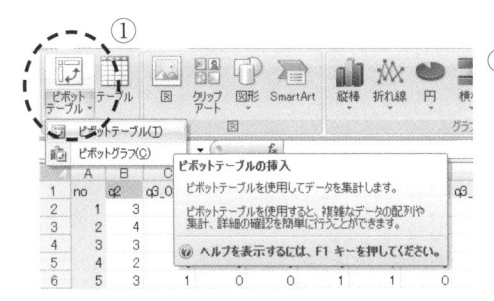

図2 ピボットテーブル作成開始

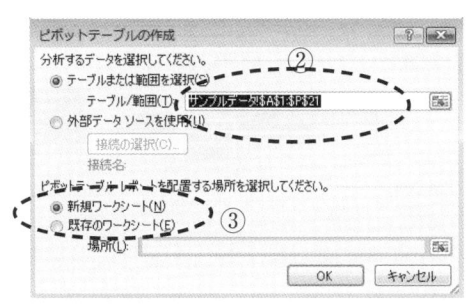

① 入力したデータのいずれかのセルをアクティブにし、[挿入] タブの [ピボットテーブル] をクリックする。

図3 ピボットテーブル作成画面

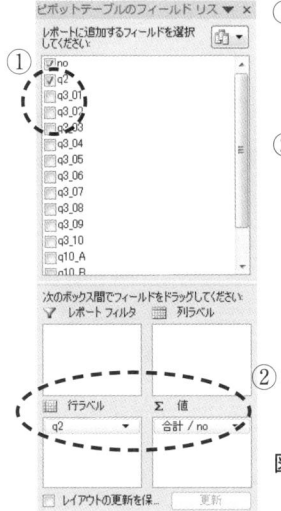

② テーブル/範囲が、データ全体（$A$1:$P$21）を選択していることを確認する。
③ ピボットテーブルレポートを配置する場所が [新規ワークシート] になっていることを確認し、[OK] をクリック。

① 画面右側に [ピボットテーブルのフィールドリスト] が表示されるので、「no」と「q2」を選択します。（□をクリックしてチェック＝✓を入れる）
② 「q2」を [行ラベル] にドラッグする。

図4 ピボットテーブルのフィールドリスト

これで一応，度数分布表ができました。しかし，集計された値が「合計」になっており，まだ，完成ではありません。「合計」を「データの個数」(回答者数)に変更します。

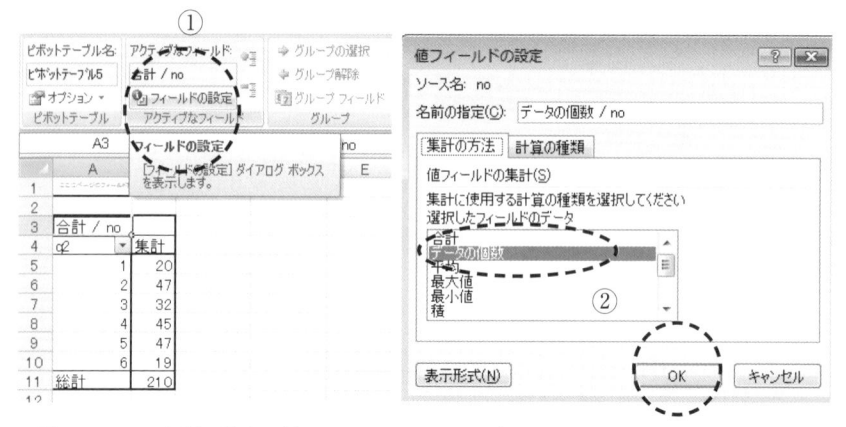

図5 フィールドの設定開始 その1　　図6 値フィールドの設定画面 その1

①[オプション]タブの[フィールドの設定]をクリックする。
②[値フィールドの設定]画面で，[選択したフィールドのデータ]欄から「データの個数」を選択して，[OK]をクリックする。

最後に，タイトル「イベントや祭りに出かける程度」とラベル(値ラベル)「よく出かける方」「出かける方」……を変更し，テーブル以外のセルをクリックすれば度数分布表の完成です。

図7 単純集計の結果(実数)

(2) 単純集計（比率）

次に，全体に対する割合をみるために，実数で集計したものを回答者数に対する比率にしてみましょう。

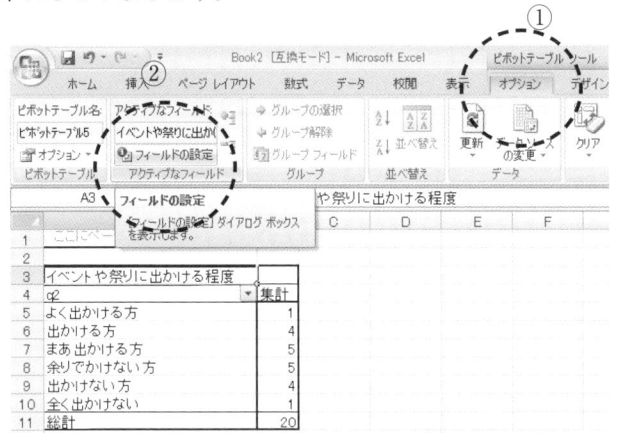

図8　フィールドの設定開始　その2

①［ピボットテーブルツール］の［オプション］タブをクリックする。
②［フィールドの設定］をクリックする。

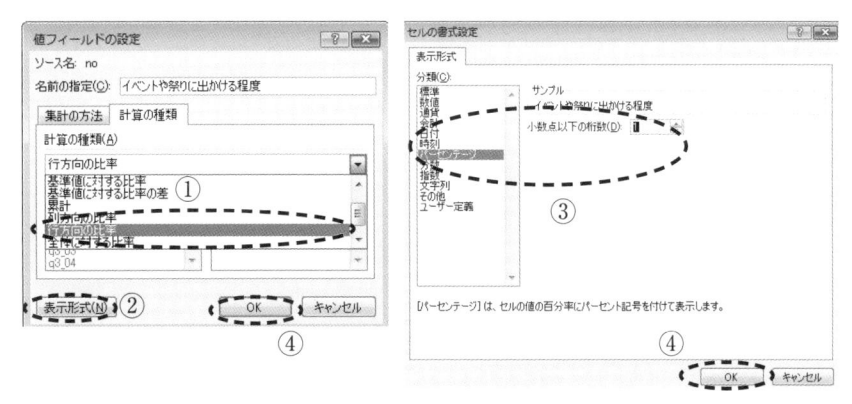

図9　値フィールドの設定画面　その2　　　図10　セルの書式設定画面

①［値フィールドの設定］画面で，［計算の種類］タブをクリックし，［計算の種類］欄で，［行方向の比率］を選択する。

第**4**章　全体の傾向をつかむ | 45

②表示形式をクリックして，［セルの書式設定］画面を表示する。
③「パーセンテージ」を選択し，［小数点以下の桁数］を「1」に変更する。
④［OK］をクリックし，さらに，［値フィールドの設定］画面で，［OK］をクリックする。

タイトルに回答者数を加筆して，完成です。

	A	B
3	イベントや祭りに出かける程度[N=20]	
4	q2	集計
5	よく出かける方	5.0%
6	出かける方	20.0%
7	まあ出かける方	25.0%
8	余りでかけない方	25.0%
9	出かけない方	20.0%
10	全く出かけない	5.0%
11	総計	100.0%

図11　単純集計の結果（割合）

(3) 複数回答方式データの集計

複数回答方式データの集計は「オートSUM」機能を使います。割合を算出するには，集計した値を回答者数で除算して求めます。

＜Q3の集計(抜粋)＞

	B	C	
1	q2	q3_01(初詣)	
22	実数	13	←オートSUMを使用
23	%	65.0	←＝13／20×100

たとえば，ExcelではⅧ詣の合計値をセルC22，割合をセルC23に算出する場合，セルC23に＝(C22/20)*100という計算式を入れます。初詣以外の変数は，この計算式をコピーして求めるとよいでしょう。なお，割合の小数点以下の桁数は，［ホーム］タブの［数値］にある［小数点以下の表示桁数を増やす(減らす)］ボタンで調整します。

ワークシート 4-1 ピボットテーブルを用いて F2（住まいの形態）を集計しよう

▶本書専用ウェブサイト（http://www.9640.jp/toukei）のサンプルデータを用いて，F2（住まいの形態）を単純集計し，結果について考察しなさい。

考察

【メモ】

ワークシート 4-2 Q3（出かけたことのある祭りやイベント）を集計しよう

▶サンプルデータを用いて，次のQ3の度数分布表を完成させ，結果について考察しなさい。

表タイトル名→ 【　　　　　　　　　　　　　　　　　　　　　　　　　】

N＝ 項目	初詣	商店街イベント	盆踊り	クリスマスイベント	花火大会	大学の学園祭	高校の学園祭	地域主催のイベント	友人とのパーティー	その他
実数										
％										

考察

第5章

細部の検討

KEYWORD
- クロス集計
- 多次元クロス集計
- 行の比率，列の比率，全体の比率

質的データの分析……属性別に集計して比較する

橋田：「参加したことのあるイベントや祭り」の結果では，初詣，花火大会と同じくらい高校の学園祭も高いスコアが出ているね。

遠藤：イベントや祭りに出かけるのはどんな人かな。友達の中でも，いろいろな人がいるね。男子は，あまり出たがらないゲームなどのインドア派と，スポーツや登山などのアウトドア派に分かれる。

武谷：女の子は，イベントやお祭りが好きな人が比較的多いわ。基本的にはお買物は好き。それにオシャレできるチャンスでもあるし。女の子同士でもよく行くわ。どちらかというと，わたしは誘われる方だけど。

橋田：他の質問項目では，どんな結果が出てる？

佐々木：「お祭りで食品を購入するときに重視すること」として，"持ち運び易さ"を重視する人がたくさんいるわ。商品企画に生かせそうね。

遠藤："清潔さ"も重要なポイントになっている。そういえば，衛生的とはいえないような模擬店も多いな。データを，もう少し詳しくみてみよう。

武谷：まずは，男女別に集計してみましょう。ほかに，こづかい別とかいろいろ仮説をたてて検証してみましょうよ。

参加したことのあるイベントや祭り

N=103	初詣	商店街のイベント	盆踊り	クリスマスイベント	花火大会	大学の学園祭	高校の学園祭	地域主催のイベント	友人とのパーティ	その他
実数	80	21	44	40	76	21	80	49	44	7
%	77.7	20.4	42.7	38.8	73.8	20.4	77.7	47.6	42.7	6.8

☆祭りによく出かける人は

性別	よく出かける	あまり……
男性	○○%	
女性		

☆こづかい

性別	～3,000円未満	3,000円～5,000円未満
男性	○○%	
女性		

> 単純集計の次は，クロス集計を使って詳細な分析を行います。クロス集計の知識を身につけてじっくり分析してみましょう。単純集計では得られない発見がある場合もあります。

5-1 クロス集計(cross tabulation)

　データの分析では，単純集計だけでなく，収集したデータを多面的に分析することが重要です。たとえば，性別(男性，女性)，年齢(10歳代，20歳代とか若年層，高齢層)，未既婚(未婚，既婚)，住居形態(持ち家一戸建て，持ち家マンション，賃貸マンション，賃貸アパートなど)といった，属性データやカテゴリーごと(使用頻度：ヘビーユーザー，ミドルユーザー，ライトユーザー)に集計し分析することで新しい知見を得ることができます。このように，属性，カテゴリーなどと他の項目を，表側(ひょうそく)と表頭(ひょうとう)に分けて掛け合わせてデータを集計することを，クロス集計といいます。

　一般的には，独立変数を表側に，従属変数を表頭に配置します。つまり，表側の項目を基準として，表頭の項目間における度数の比較をするということになります。表1のクロス集計の事例をみてみましょう。「全体」の行のデータが，単純集計のデータにあたります。「ヘアスタイルや服装などの流行に関心ある」人は，「すごく興味がある」23.7％ですが，性別でみると，女性は男性の3倍近くあることがわかります。

表1　クロス集計の例

Q1. あなたは，ヘアスタイルや服装(ファッション)などの流行に関心がありますか

N=704	すごく興味がある	ちょっと興味がある	あまり興味はない	興味はない	無回答
男性	11.4	44.5	34.4	9.7	0.0
女性	32.8	58.0	8.6	0.2	0.4
全体	23.7	52.3	19.6	4.3	0.1

「団塊ジュニアの消費と行動意識」日経産業消費研究所　2002

　しかし，Excelを使えば，どのような変数でもクロス集計を実施することはできます。だからこそ，仮説を検証するための論理的な思考が大切なのです。因果関係を説明するにあたって，どのような独立変数と従属変数を用いるか，また，集計結果をみて新たな仮説を設定し，さらに深く考えることを繰り返すといった思考の過程を重視するようにしてください。ここが，良い

分析を行うためのポイントです。たとえば，「流行やファッションには，性別によって差異がある」とか，「年齢によって，食事の味覚に差異がある」といった，論理的な展開が重要になるのです。

ところで，消費者や生活者に対する量的なアンケート調査では，独立変数として，デモグラフィック（人口統計的）変数とサイコグラフィック（心理的）変数が多く用いられます。表2にいくつかの代表的な変数をあげておきました。みなさんも，仮説を立てる場合やアンケートなどの調査票を作成する場合に，分析の軸となる独立変数を念頭において進めるとよい成果をあげられるでしょう。

また，新たに独立変数を作成する場合もあります。心理学や社会学等では，人間の心理や態度などを測る独自の尺度を作成する場合も少なくありません。（第7章コラム「オリジナルな物差しを作る ― 高感度人間 ―」を参照。）

表2　独立変数の例

デモグラフィック（人口統計的）変数	年齢，性別，学歴，所得，職業，ライフステージ，社会階層，地域
サイコグラフィック（心理的）変数	パーソナリティー，価値観，ライフスタイル，興味関心，使用頻度，ブランドロイヤルティー（忠誠度）

さて，たいていのクロス集計は上記のとおりですが，以下のような特殊なクロス集計を用いることがあります。

(1) 多次元クロス集計

クロス集計の方法の1つで，たとえば，性別と年代（表側）などに質問項目（表頭）をかけ合わせて集計するようなものをいいます。媒介変数を取り込んで集計することになります。この例の場合は，変数が3つなので3次元クロス集計とよびます。

理論的には，いくつもの変数で，多次元クロス集計をすることができます。しかし，次元が増えれば，各カテゴリーのサンプル数が減っていきます。で

すから，各カテゴリーのデータ数に配慮して集計計画を立てることが大切です。全体のデータ数が少ない場合は，多次元クロス集計を実施しない方がよいでしょう。

表3　3次元クロスの例

		すごく興味がある	ちょっと興味がある	あまり興味はない	興味はない	無回答
男性	10歳代					
	20歳代					
女性	10歳代					
	20歳代					
全体						

(2)質問間クロス集計

質問間クロス集計とは，基本的にはクロス集計と同じですが，質問間の因果関係を調べる場合に，主題となっている質問項目同士を表側，表頭に設定し，かけ合わせて集計することです。考えるヒントとして，表4に一例をあげておきます。

表4　質問間クロス集計の一例

		Q2. レンタルショップに週1回以上行く	
		はい	いいえ
	全体		
Q1. 好きなDVDのカテゴリー	洋画　SF		
	洋画　コメディー		
	洋画　ラブロマンス		
	邦画　SF		
	邦画　コメディー		
	邦画　ラブロマンス		
	韓国　SF		
	……		

5-2 ▶ 比率による集計

　先に述べたように，クロス集計では，独立変数を表側に，従属変数を表頭に配置するので，一般的には，行の比率(ヨコ％)を用います。次の表5－1～表5－4は，蓮浦大学の学生を対象とした調査で，性別と住居形態についてクロス集計したものです。表5－2からは，「下宿等居住者は男性が38.2％，女性は62.5％で，女性が24ポイント上回っている」といった比較をすることになります。

　しかし，データ分析の目的によっては，列の比率を用いる方がよい場合もあります。たとえば，蓮浦大学の周辺で営業する不動産業者からみたら，「賃貸アパートの市場」に関心があるでしょう。表5－3の比率を見ることも重要なデータ分析になるのです。

　蓮浦大学の関係者なら，男女別の居住形態について，全体の構成に関心があるかもしれません。表5－4によると，男性の自宅通学33.0％，女性自宅通学17.5％，男性の下宿等通学20.4％，女性の下宿等通学29.1％であることがわかります。これらの表をグラフにしてみると，学生全体の構造がよくわかります(図1)。

表5　蓮浦大学学生の性別と住居形態のクロス集計

5－1　実数

(人)	自宅	下宿	全体
男性	34	21	55
女性	18	30	48
全体	52	51	103

5－2　ヨコ％

(％)	自宅	下宿	全体
男性	61.8％	38.2％	100.0％
女性	37.5％	62.5％	100.0％
全体	50.5％	49.5％	100.0％

5－3　タテ%

(%)	自宅	下宿	全体
男性	65.4%	41.2%	53.4%
女性	34.6%	58.8%	46.6%
全体	100.0%	100.0%	100.0%

5－4　全体%

(%)	自宅	下宿	全体
男性	33.0%	20.4%	53.4%
女性	17.5%	29.1%	46.6%
全体	50.5%	49.5%	100.0%

図1　クロス集計結果のグラフ表現

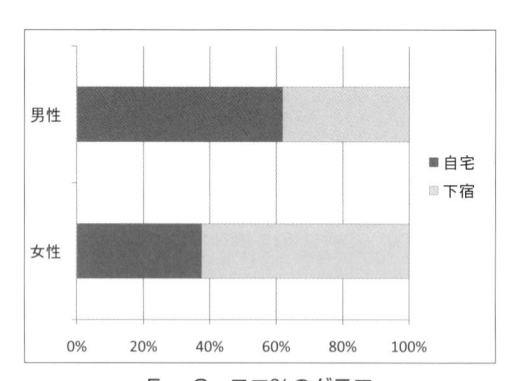

5－2　ヨコ%のグラフ

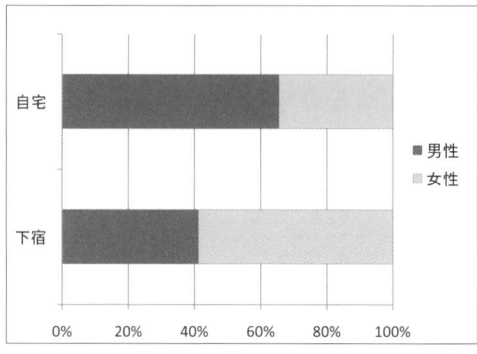

5－3　タテ%のグラフ

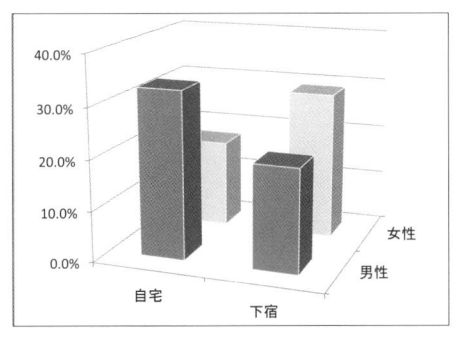

5－4　全体％のグラフ

5－3 ▶ Excel によるクロス集計

(1) クロス集計（実数）

それでは，Excel のピボットテーブルの機能を使って，クロス集計を行ってみましょう。データは単純集計で用いたサンプルデータを使用します。ここでは，例として Q2（イベントや祭りに出かける程度）を性別についてクロス集計してみます。

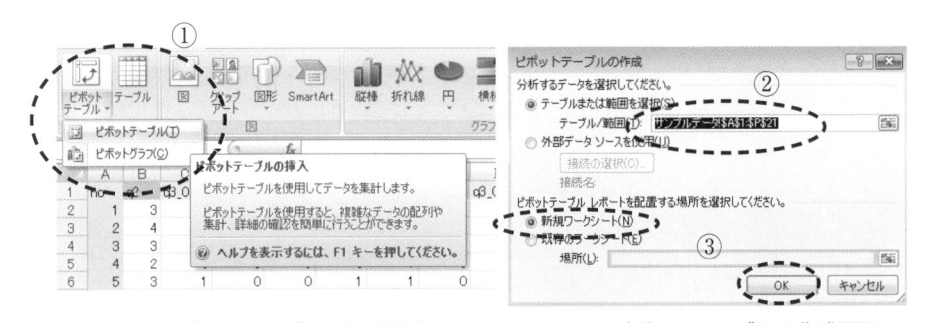

図2　ピボットテーブルの作成開始　　図3　ピボットテーブルの作成画面

① 入力したデータのいずれかのセルをアクティブにし，[挿入] タブの [ピボットテーブル] をクリックする。
② [テーブル／範囲] では，データ全体が選択されているかを確認する。
③ ピボットテーブルレポートを配置する場所が [新規ワークシート] になっていることを確認し，[OK] をクリックする。

新しいワークシートが開き，フィールドリストが表示されるので，次の通り指定します。

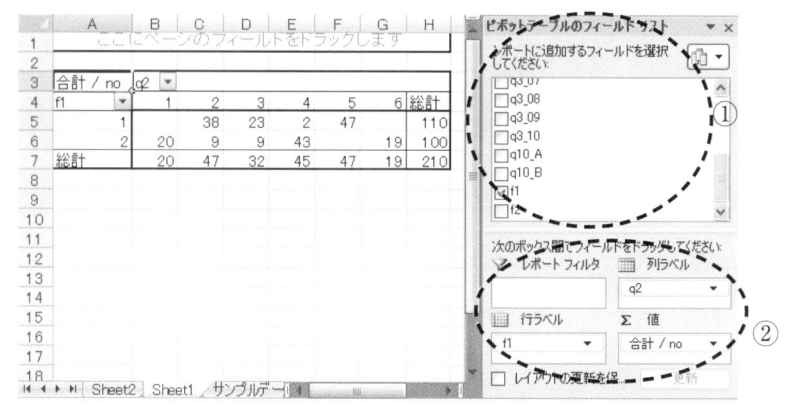

図4 ピボットテーブルのフィールドリストの指定

①画面右側に［ピボットテーブルのフィールドリスト］が表示されるので，「no」，「q2」，「f1」を選択する。
②「q2」を［列ラベル］に，「f1」を［行ラベル］にドラッグする。

この操作の結果，集計された値が「合計」になっています。そこで，集計の方法を「データの個数」に変更します。

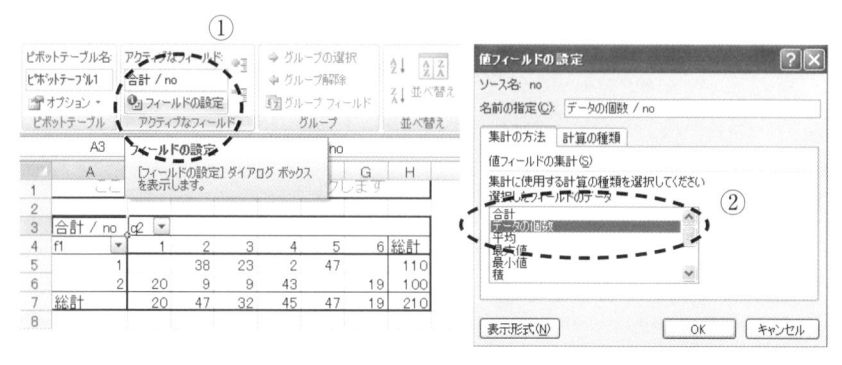

図5 フィールドの設定開始 その1　　図6 値フィールドの設定画面 その1

①アクティブセルが A3 になっていることを確認して，[オプション］タブの［フィールドの設定］をクリックする。
②［値フィールドの設定］画面で，［選択したフィールドのデータ］欄から「データの個数」を選択して，［OK］をクリックする。

最後に，タイトルとラベルを変更し，ピボットテーブル以外のセルをクリックして完成です。

	A	B	C	D	E	F	G	H
1								
2	イベントや祭りに出かける程度（男女別）							
3	データの個数							
4	f1	よく出かける方	出かける方	まあ出かける方	あまり出かけない方	出かけない方	全く出かけない	総計
5	男性		3	3		1	4	11
6	女性	1	1	2	4		1	9
7	総計	1	4	5	5	4	1	20
8								

図7　「イベントや祭りに出かける程度」と「性別」のクロス集計結果（実数）

(2) クロス集計（比率）

次に，男女別の比率にしてみましょう。

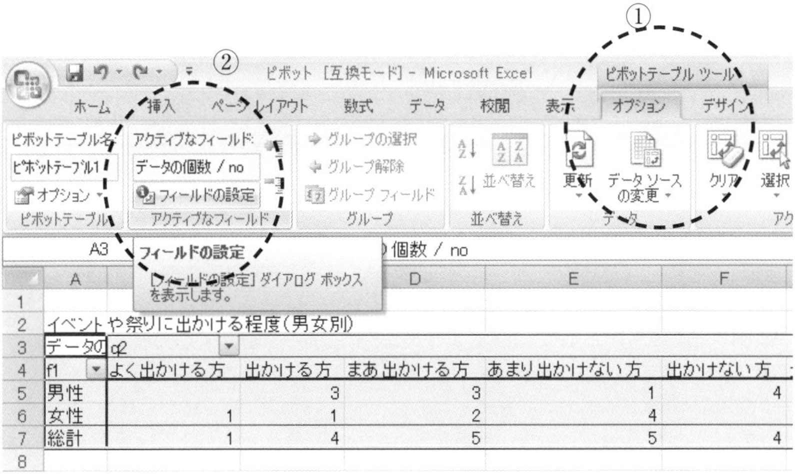

図8　フィールドの設定操作

①［ピボットテーブルツール］の［オプション］タブをクリックする。
②［フィールドの設定］をクリックする。

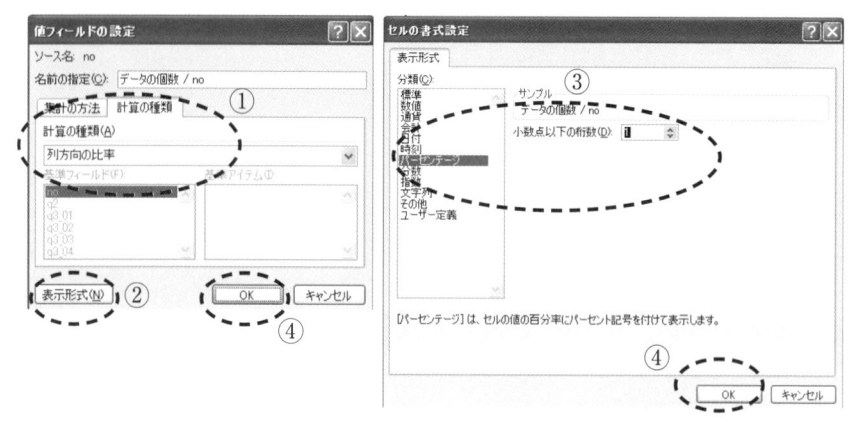

図9　値フィールドの設定画面　その2　　　図10　セルの書式設定画面

①［値フィールドの設定］画面で，［計算の種類］タブをクリックし，［計算の種類］欄で，［列方向の比率］を選択する。
②［表示形式］をクリックして，［セルの書式設定］画面を表示させる。
③パーセンテージを選択し，［小数点以下の桁数］を「1」に変更する。
④［OK］をクリックし，さらに，［値フィールドの設定］画面で［OK］をクリックする。

タイトルと性別のラベルに回答者数（N=20，N=11，N=9）を加筆して完成です。

	A	B	C	D	E	F	G	H
1	イベントや祭りに出かける程度(男女別・N=20)							
2	データの個数 / q2							
3	f1	よく出かける方	出かける方	まあ出かける方	あまり出かけない方	出かけない方	全く出かけない	総計
4	男性(N=11)	0.0%	27.3%	27.3%	9.1%	36.4%	0.0%	100.0%
5	女性(N=9)	11.1%	11.1%	22.2%	44.4%	0.0%	11.1%	100.0%
6	総計	5.0%	20.0%	25.0%	25.0%	20.0%	5.0%	100.0%

図11　「イベントや祭りに出かける程度」と「性別」のクロス集計結果(比率)

(3) クロス集計結果のグラフ表現

次に，クロス集計の結果を帯グラフで表現してみましょう。

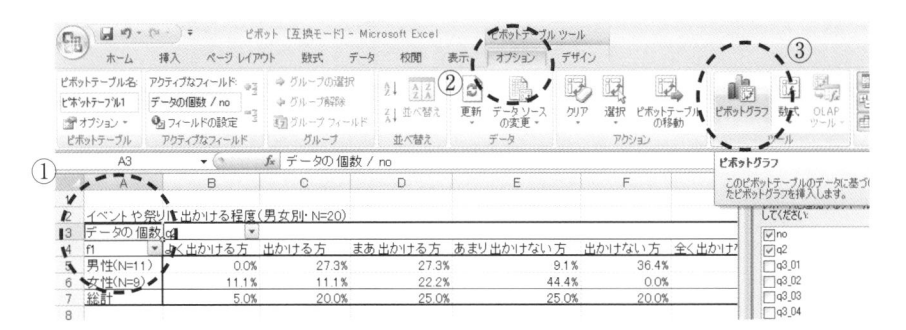

図12　ピボットグラフの作成開始

①アクティブセルを A3 にする。
②[オプション] タブをクリックする。
③[ピボットグラフ] をクリックする。

　帯グラフを作成するには，Excel では「100％積み上げ横棒グラフ」を使用します。

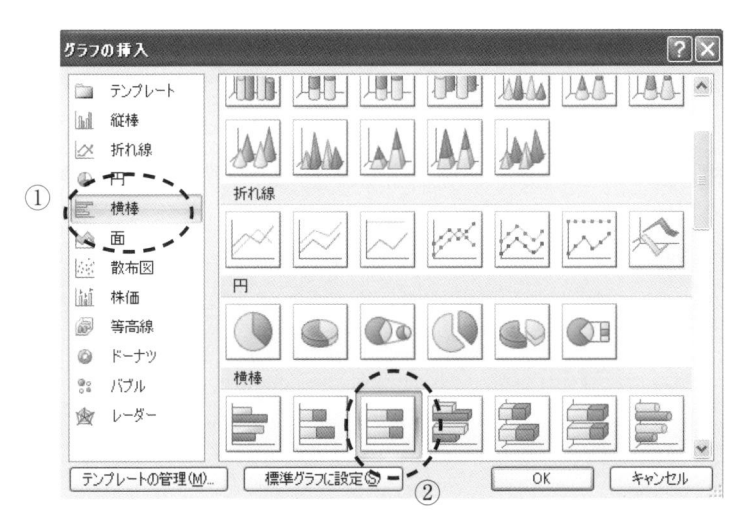

図13　グラフの挿入画面

①[グラフの挿入画面] で「横棒」をクリックする。
②「100％積み上げ横棒」を選択して，[OK] をクリックする。

程度を明示するために，グラフのデザインを変更しましょう。

図14 グラフのデザイン変更(例：スタイル16)

① グラフのデザインを変更する。

性別の順序を変更することもできます。タイトルをつければ完成です。

①[ピボットグラフ　フィルタウィンドウ]画面の，[軸フィールド(項目)]で[昇順]か[降順]を選択し，[OK]をクリックする。

図15　ピボットグラフ
　　　フィルタウィンドウ画面

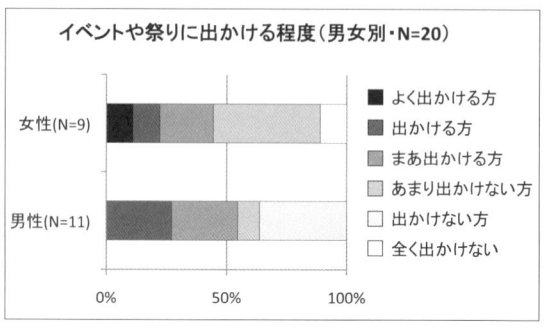

図16　帯グラフの完成例

行動生態学からさぐる殺人行動

　動物は発情期を迎えると1匹の雌を巡って雄同士が戦います。人間も女性を巡って男性同士が戦い，勝利した者に女性がひかれるということがドラマなどに出てきます。現代でも男性は思春期になると攻撃的になりますし，メンツやプライドを気にする人も多いことでしょう。些細なことでけんかをしたり，時には殺人にまで及んでしまうこともあります。

　下の図は殺人者数と年齢との関係を表したグラフです。1955年，60年のグラフをみると，男性の殺人は20代前半をピークにして年齢が高くなるほど減っていきます。殺人検挙数は地域によって変わりますが，世界のどの国でも同じようなカーブを描くため，これはユニバーサルカーブと呼ばれています。

　人間は動物的な側面と文化的な側面の二面性を持っています。このユニバーサルカーブは人間の動物的な側面の表れという説もあります。

　ところが，近年，日本ではこのカーブが消滅してきていることを行動生態学が専門の長谷川寿一氏，長谷川眞理子氏が発見しました。なぜこのような変化が起こっているのでしょうか。1960年代以降，日本は高度経済成長を体験し，豊かな国になりました。しかし，一人あたりGDPでは日本よりもアメリカやイギリスの方がまだまだ高いのです。経済とは別の文化的な要因でしょうか。人間の文化的な側面が，動物的な側面を変化させているのかもしれませんね。

　みなさんも自分の関心のあることに疑問をもち，仮説を立ててみましょう。そして，調査をして仮説を検証してみましょう。

戦後日本の年齢別男性殺人検挙率の変化

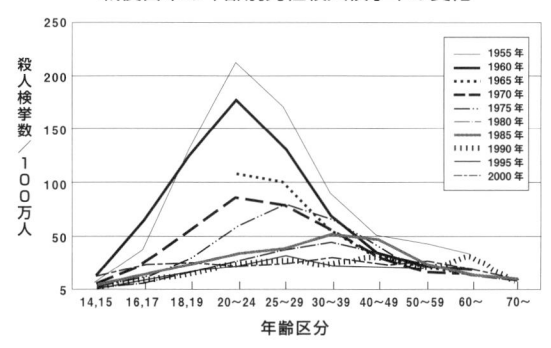

出典　長谷川眞理子「日本における若者の殺人率の減少」『学術の動向』10巻10号
　　　日本学術協力財団　2005

ワークシート5 2つの変数を選んでクロス集計をしよう

▶本書専用ウェブサイト(http://www.9640.jp/toukei)の「生活やイベントに関するアンケート」のデータを用いて，2つの変数を選んで，クロス集計(比率)し，考察をしなさい。

1. クロス集計に用いた変数

2. 表側　【　　　　　　　　　　　】（例：F1　性別）

　　表頭　【　　　　　　　　　　　】

3. 考察

＜ポイント＞

1）最初は，集計値から見た事実を記述する。（○○は男性でXX％，女性は，XX％。男性の1位は○○，2位は○○など。）

2）次に，データを絞って考察する。インターネット等で関連資料を参照し，比較するとよいでしょう。

第6章

カテゴリーでまとめる

KEYWORD
- 階級別度数分布表
- ヒストグラム

量的データの整理……データの分布を把握する

橋田：僕たちのターゲットは1年生の男子でいいのかな。「祭りやイベントに出かける頻度」については，男女間にはっきりとした傾向はなかったね。

遠藤：昨年までのデータでは，1年生の来場者数が最も多く，大きな市場規模であることは間違いないよね。

武谷：客も多様化しているから，誰にでも好まれるということは難しい。実際，企業では市場を細分化（セグメント）して，さらにそこからターゲットとなる市場を絞り込むということを行っているわ。1年生というセグメントから絞り込むということかしら。

佐々木：でも，人数だけでターゲットを決めていいのかしら。いくら人数が多くても，お金を持っていなかったらどうかしら。

橋田：アンケートでは，祭りで屋台などの飲食に使う金額について総額を聞いているから，ぼくが分析してみるよ。人数×購入商品の単価は，金額ベースでの市場規模になるね。

遠藤：1食品あたりの使用金額も質問しているから，ターゲットが決まれば，価格設定の目安になるよ。使用金額の分布をみてみよう。

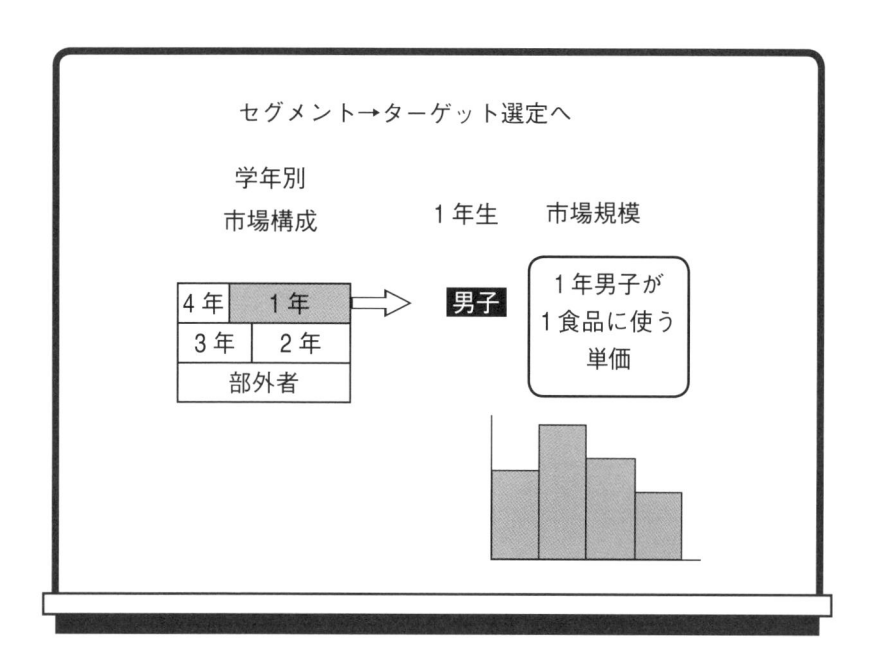

```
            セグメント→ターゲット選定へ

     学年別
     市場構成        1年生    市場規模

    ┌──┬───┐              ┌──────┐
    │4年│ 1年 │   ⇒   │男子│  │1年男子が│
    ├──┼───┤              │1食品に使う│
    │3年│ 2年 │              │  単価  │
    ├──┴───┤              └──────┘
    │ 部外者  │
    └──────┘
                          ┌─┐
                        ┌─┤ ├─┐
                      ┌─┤ │ │ │
                      │ │ │ │ ├─┐
                      └─┴─┴─┴─┴─┘
```

> 長さ，重さ，金額などの量的変数のデータは，まずヒストグラム（度数分布図）を描いてみましょう。高度な統計手法を使用する前に，データがどのように分布しているのかを知っておくことが大切です。

第6章 カテゴリーでまとめる

6-1 量的データとカテゴリー化

　第3章で説明したように，変数には質的変数と量的変数があります。この章では，量的変数のデータ（量的データ）の整理の仕方を学習します。
　量的データは四則演算ができるデータで，数値の差のみに意味がある間隔尺度と，数値の差と数値の比にも意味のある比例尺度の2種類があります。集計の元となるデータが数値情報である場合，集計結果がたいへん複雑で，およそデータの傾向がつかめないことがよくあります。そこで，重要になるのがデータのカテゴリー化（類型化）という方法です。
　データをいくつかのグループ（階級 = class）に分類し，その階級に含まれるデータ数を度数として数えます。たとえば，年齢のように1歳きざみで作成したデータを，そのまま1歳きざみの階級別の集計表を作成すると膨大なデータになり，データの傾向をつかむことが困難になります。そこで，傾向を捉えやすくするために，年代別（10歳代，20歳代，……）とか年齢階層別（若年層（10～20歳代），中年層（30～40歳代），壮年層（50～60歳代））といったカテゴリー化を行うのです。
　このように，データを階級別に分類して集計した表を「階級別度数分布表」といい，グラフ化したものを「ヒストグラム」といいます。適切な階級を作成することは，データを分析するための重要な作業です。論理的な思考を繰り返して，分析の目的にあった最適なカテゴリー化を行う必要があります。

▶分析の準備

はじめに，分析のツールをセットアップします。
① OFFICE ボタン 🔘 をクリックし，［Excel のオプション(T)］をクリックする。
②［Excel のオプション］画面で［アドイン］をクリックする。
③［管理］欄で，［Excel アドイン］を選択し，［設定(G)］をクリックする。［アドイン］画面で，［分析ツール］と［分析ツール-VBA］にチェックを入れて，［OK］をクリックする。

④ 空白のセルを一つクリックし，［データ］タブをクリックして，［分析］
の［データ分析］が表示されれば使用可能です。

【注意】
セットアップ時に，MS-Office あるいは MS-Excel の CD-ROM が必要な場合があります。
画面のメッセージをみて対応しましょう。

6-2 ▶ Excel による階級別度数分布表の作成

それでは，実際に Excel を使って，階級別度数分布表とヒストグラムを作成してみましょう。本書専用ウェブサイト（http://www.9640.jp/toukei）の，「生活やイベントに関するアンケート」の調査結果（統計アンケート）の中から，q10_A「お祭りなどの屋台で食べ物を購入するとき，（全体で）どのくらいの金額を使うか」を使用します。

(1) 分析に使用するデータ部分を新しいシートにコピーする

データを分析するときは，元データを直接加工するのではなく，必要なデータだけを抽出して別のシートで作業するよう心がけましょう。まず，新しいシートを作成します。

①元データが入力されている［クリーニング］シートのシートタブ上で，右クリックする。
②［挿入］を選択する。
③［挿入］画面で，［新規ワークシート］が選択されていることを確認し，［OK］をクリックする（図なし）。
④元データのシートに戻る（図なし）。

図1　新しいシートの挿入

次に，q10_A のデータを新しいシートにコピーします。まず，コピー元を指定します。

①q10_A の列番号(CT)の上で，右クリックする。
②[コピー]を選択する。

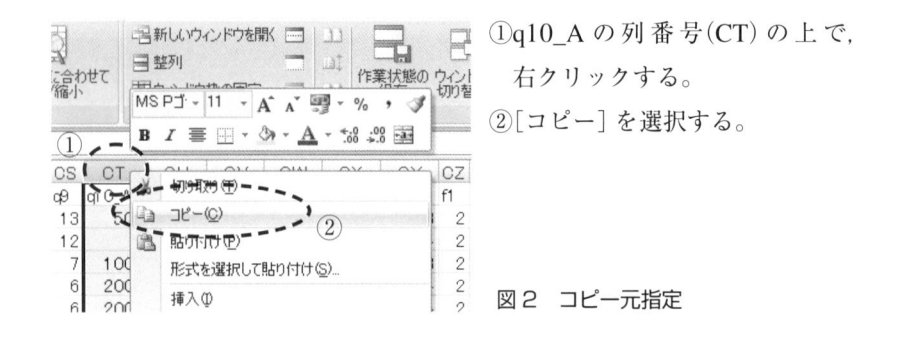

図2　コピー元指定

次に，コピー先のセルを指定して貼り付けます。

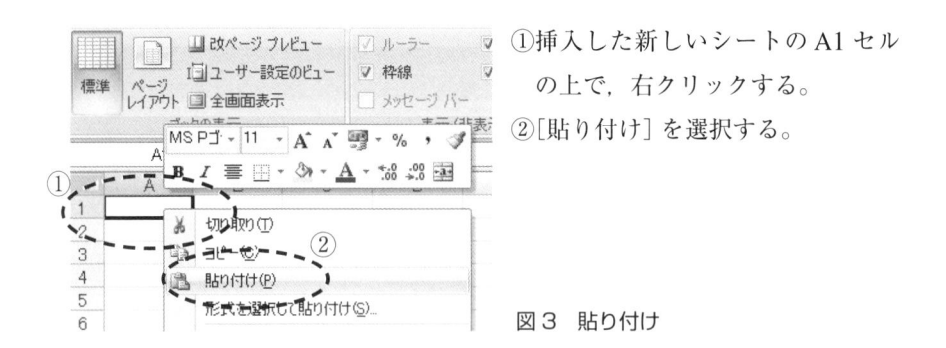

①挿入した新しいシートのA1セルの上で，右クリックする。
②[貼り付け]を選択する。

図3　貼り付け

(2) データの範囲を求める

データの「範囲」とは，データの「最大値」と「最小値」の差です。ここでは，データ分析ツールの「基本統計量」ツールを使用して求めてみましょう。

図4　データ分析の起動

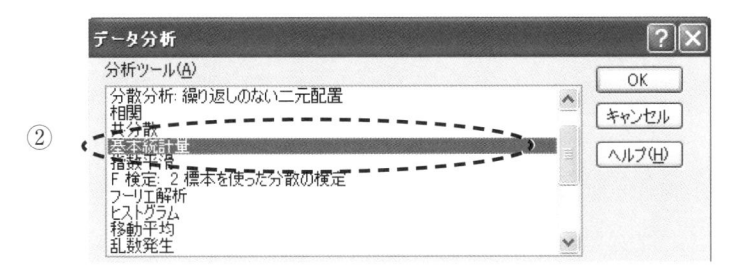

図5　データ分析画面　その1

①（図4）［データ］タブの［データ分析］をクリックする。
②（図5）［データ分析］画面で「基本統計量」を選択し，［OK］をクリックする。

［基本統計量］ツール画面で，以下の通り指定して［OK］をクリックします。

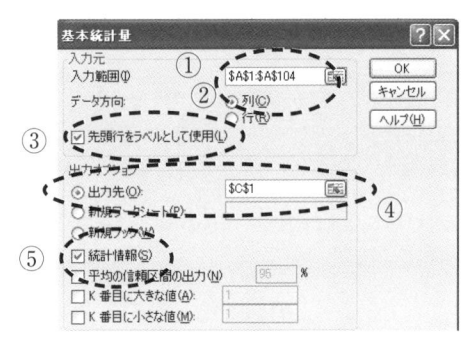

図6　基本統計量ツール画面

①入力範囲：データ部分　$A$1:$A$104
②データ方向：列
③先頭行をラベルとして使用：チェック
④出力先：［出力先］をクリックし，適当なセルを選択（ここでは $C$1 セル）
⑤統計情報：チェック

	C	D
	\multicolumn{2}{c}{q10_A}	
平均		1868.627
標準誤差		180.0148
中央値(メジアン)		1500
最頻値(モード)		1000
標準偏差		1818.06
分散		3305343
尖度		11.20306
歪度		3.138919
範囲		10000
最小		0
最大		10000
合計		190600
標本数		102

結果は，図7のとおりです。

最小値は0円，最大値は10,000円，データの範囲は10,000円であることがわかりました。

それ以外の統計量については，第7章で詳しくみてみましょう。

図7　q10-Aの基本統計量

(3)階級の数，階級の幅，境界値を決める

次に，階級の数をケース数(データ数：Excelでは標本数と表記されます)によって決めます。階級の数を決める公式も開発されていますが，その公式では，データ数が20～100のときの階級の数は5～8階級，データ数が100～1000のときの階級の数は8～11階級が適当となります。目安にしてください。

この調査データのケース数は103(表1の基本統計量の結果で標本数が102と表示されたのは，無回答が1件あったからです。無回答は「欠損値*」として処理します)ですので，便宜的に階級の数を8にしてみましょう。

次に，階級の幅を決めます。階級の幅は通常一定にします。基本統計量をみると，このデータの範囲は10000であることがわかりました。そこで，範囲を階級の数で割ると，1階級あたりの幅は，1250です。

次に，境界値を決めます。境界値とは，ある階級と次の階級との境界にある値のことです。階級のはじめの値を0とし，階級の幅を1250とすると，境界値は1250,2500,3750,5000,6250,7500,8750となります。境界値はできればキリのよい値にしておく方が，結果が読み取りやすくなります。(例1：1000,2000,3000,…　例2：2000,4000,6000,…)　そ

---

* アンケートの場合では，一部の質問に回答してくれなかった場合，答えてくれたデータと区別するもの。集計は欠損値を外して行うことになる。

の際，階級の幅があまりにも小さいと階級の数が多くなり，全体的な傾向がとらえにくくなります．逆に，階級の幅を大きくし，階級の数が1, 2本だと分布がわかりません．いずれの場合も，データの傾向を把握するには不適切です．試行錯誤して，理解しやすい階級の幅を見つけてください．

(4) 階級別度数分布表とヒストグラムの作成

次に，階級別度数分布表とヒストグラムの作成を行います．Excel では分析ツールの［ヒストグラム］ツールを使用します．

まず，適当なセルに境界値を入力します．ここでは，図8を参考にして，F列に入力しましょう．

図8 境界値の入力(F列)

次に，［データ］タブの［データ分析］をクリックして，分析ツールを起動しましょう．

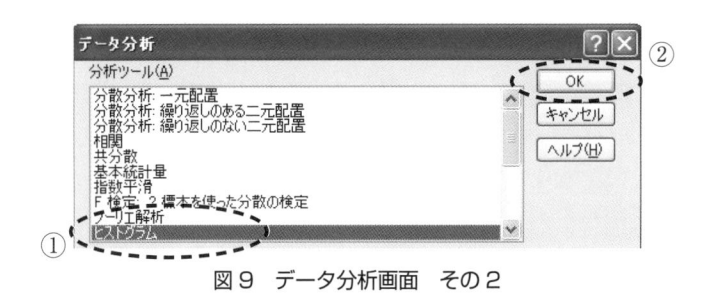

図9 データ分析画面 その2

①[データ分析]画面で「ヒストグラム」を選択する。
②[OK]をクリックする。

次に，[ヒストグラム]ツール画面で，以下の通り指定して[OK]をクリックします。

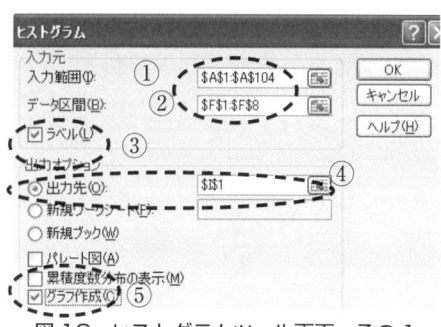

①入力範囲：データ部分 $A$1:$A$104
②データ区間：境界値部分 $F$1:$F$8
③ラベル：チェック
④出力先：[出力先]をクリックし，適当なセルを選択(ここでは $I$1)
⑤グラフ作成：チェック

図10　ヒストグラムツール画面　その1

結果は，図11および図12のとおりです。

境界値1	頻度
1250	45
2500	41
3750	8
5000	4
6250	0
7500	0
8750	1
次の級	3

図11　階級別度数分布表　その1

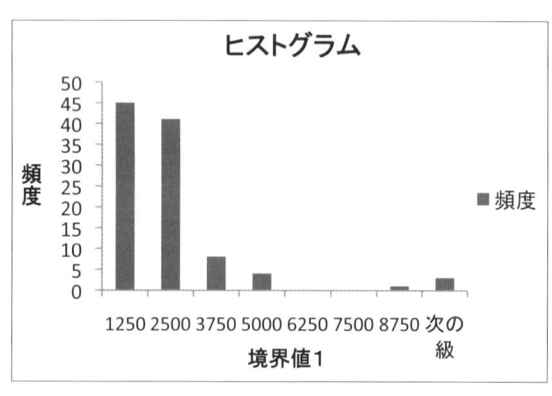

図12　ヒストグラムの結果　その1

(5) 結果の読み方と考察

図 11 の結果をみてみましょう。

まず，［境界値 1］は，各階級の区間を表していますので，次のように読み変えます。

「1250」 ＝ 1,250 円以下　　　　「6250」 ＝ 5,000 円超 6,250 円以下
「2500」 ＝ 1,250 円超 2,500 円以下　「7500」 ＝ 6,250 円超 7,500 円以下
「3750」 ＝ 2,500 円超 3,750 円以下　「8750」 ＝ 7,500 円超 8,750 円以下
「5000」 ＝ 3,750 円超 5,000 円以下　「次の級」 ＝ 8,750 円超

［頻度］は各階級の度数です。つまり，お祭りなどの屋台で食べ物を購入するとき，総額で 1,250 円以下使うと答えた人が 45 人，1,250 円超 2,500 円以下と答えた人が 41 人，2,500 円超 3,750 円以下が 8 人，3,750 円超 5,000 円以下が 4 人，7,500 円超 8,750 円以下が 1 人，8,750 円超が 3 人，合計 102 人が回答したという結果でした。5,000 円超 7,500 円以下の金額を答えた人はいませんでした。

(6) 境界値の修正

境界値を修正して再度，［ヒストグラム］ツールを用いて階級別度数分布表とヒストグラムを作成してみましょう。ここでは，1 回目の分析結果から，ほとんどの回答者は 2,500 円以下と回答していたことから，0 円から 2,500 円までのデータの分布を詳細にみてみます。

2,500 円超のデータを除外した時のデータの範囲は 2500，ケース数は 100 以下になりますので，階級の数を 7 階級と想定して境界値を考えてみます。「範囲／階級の数」は，2500 ／ 7 ＝ 357.14 です。境界値をきりのよい値にするには，500 円区切りが考えられます。階級の数が 5 階級とやや少なくなってしまいますが，ここでは，500 円区切りで集計してみます。

図 13 を参考にして，G 列に 500 円区切りの境界値を入力しましょう。

図13 境界値2の入力(G列)

次に，先述の(3)の要領で，[ヒストグラム]ツールを起動し，図14のとおり設定を変更して，[OK]をクリックします。

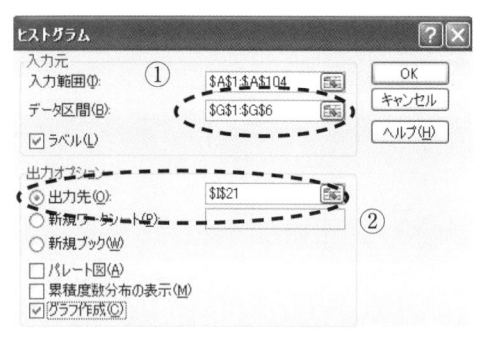

①データ区間：$G$1:$G$6
②出力先：$I$21

図14 ヒストグラムツール画面 その2

(7)ヒストグラムの修正

境界値が確定し，最終的なヒストグラムが決まったら，もう一工夫しましょう。ヒストグラムの横軸は量的データ(連続的な変数)ですので，階級間の柱の間隔をなくすのが一般的です。図15および図16に従って設定してみましょう。

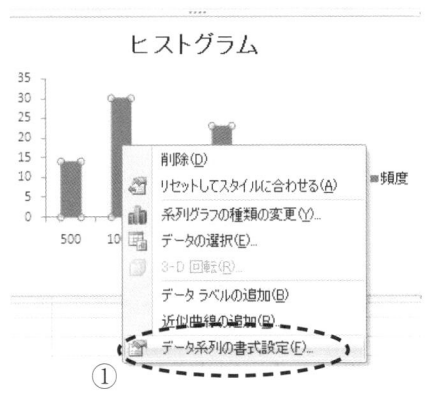

図15 [データ系列の書式設定] の指定　　図16 [データ系列の書式設定] 画面

① ヒストグラムの柱中で右クリックし，メニューから [データ系列の書式設定] を選択する。
② [要素の間隔] を「なし」(= 0％) にして，[閉じる] ボタンをクリックする。

結果は，図17および図18のとおりになりました。

2,000円以下と回答した人が8割以上いました。その中でも，「500円超1,000円以下」と回答した人が最も多いという結果でした。

境界値2	頻度
500	14
1000	30
1500	17
2000	23
2500	2
2500超	16

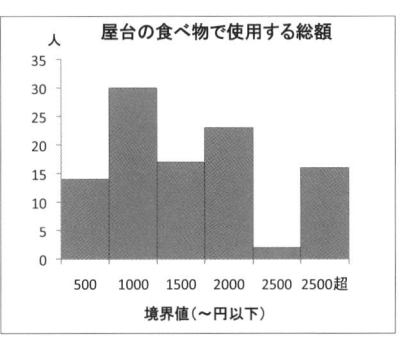

図17 階級別度数分布表　その2　　図18 ヒストグラムの結果　その2

※「2500超」は，「次の級」から変更したり，タイトルを変更するなど書式を調整しています。

第6章 カテゴリーでまとめる

6-3 ▶ 分布の歪み（ゆがみ・ひずみ）

　図18のヒストグラムをみてみると，データの多くは2,000円以下に集中しています。一方，割合は小さいですが，それよりも高い金額を回答した人がいます。

　このように，右にすそ野が長い分布を「右に歪んだ分布」といいます。年間所得のデータなどはこのような分布になります。

　逆に，左にすそ野が長い分布を「左に歪んだ分布」といいます。

　このように，ヒストグラムは分布の特徴を把握するために大変有効なグラフです。

図19　右に歪んだ分布　　　図20　左に歪んだ分布

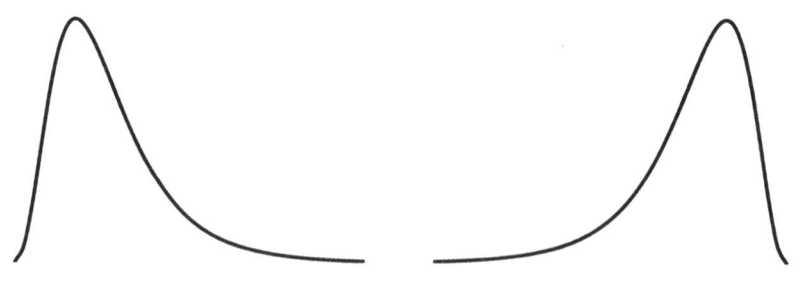

一連の行動をはかる

　広告の研究分野での古典的な理論として，AIDMA（アイドマ）理論という広告についての人間の意識・行動モデルがあります。この理論を用いて広告の効果測定が行われています。
　AIDMAとは，米国の学者ローランド・ホールによって理論化されました。ある商品やサービスについて，消費者が認知し，行動（購買）するまでのプロセスを理論化したものです。そのプロセスは次のとおりです。

　　A = Attention　注意（なんだろう）…テレビ広告などによって注意を引かれる
　　I = Interest　　興味（おもしろそう）
　　D = Desire　　 欲求（欲しい）
　　M = Memory　 記憶（覚えておこう）…商品名やブランドを覚える
　　A = Action　　 行動（買おう＝購入）

　実際には，アンケートなどの調査方法を用いて，それぞれの段階についてカテゴリー尺度を使って測定します。一連の消費者の行動を測定することで，目指すべき方向について，現状と原因を探ることができます。様々な質問項目のスタイルがありますが，一般的なものを一部紹介します。

Q　あなたは，この商品の広告をどの程度見たことがありますか。
　1．よく見る　2．たまに見る　3．あまり見ない　4．まったく見たことがない

Q　あなたは，この商品にどの程度関心がありますか。
　1．かなり関心がある　2．少し関心がある　3．あまり関心が……

Q　あなたは，この商品をどの程度購入したいと思いますか。
　1．ぜひ買いたいと思う　2 買いたいと思う　3．あまり……

　これらの質問で，広告がどの程度消費者の購入意向に関与しているかを測定することができます。企業は，実際の広告投下量は知っていますから，広告のコストに見合った効果が上がっているか（＝購入意向の比率が高くなっているか），効果が上がっていないかを判断します。もし，後者なら，その原因（広告媒体，広告表現，広告量など）を見直して，早急に対策を実施しなければなりません。また，競合する他社の商品やサービスと比較することによって，さらに深く洞察することが可能です。もし，他社より広告投下量が多く，広告の認知度も高いのに，購入意向が低かったら大問題ですよね。

ワークシート6　大学創立年度のヒストグラムを作成しよう

▶本書専用ウェブサイト(http://www.9640.jp/toukei)「大学マネジメント調査」のデータを用いて，次の手順にそってExcelでデータ分析をしなさい。分析をした結果について考察したことを記入しなさい。

【手順】

1. 大学創立年度の基本統計量の算出
2. 階級別度数分布表の作成
3. ヒストグラムの作成

【課題】大学創立年度のヒストグラムを参考にして考察しなさい。

第7章

データの中心を要約する

KEYWORD
- 代表値
- 平均値
- 中央値
- 最頻値

量的データの分析 1 ……データの水準を比較する

― 佐々木さんから，遠藤，橋田，武谷の3人の携帯にメールが送られてきた。「重要発表！ 4時に部室に集合せよ」。4時に部室に集まってみると，佐々木さんがホワイトボードを背にして，みんなを待っていた。かなり前から待っていたような雰囲気である。―

佐々木：あら，みんな時間通りね。優秀，優秀。ところで，先週のミーティングで「1年生の男子」が主要なターゲットって話になっていたけど，どうかしら。「1年生」は確かに，来場者人数も断然トップだからいいとして，「男子」をターゲットにしたのはなぜ？ 根拠は何だったかしら？

― 3人は，顔を見合わせてだまっていると……―

佐々木：データを分析してみたら興味深い結果が出たわ。結論から先に言うと「女子」。断然，女子をターゲットにすべきよ！

屋台で使う金額の代表値の男女比較

	男子	女子
平均値	1,479 円	1,646 円
中央値	1,350 円	1,500 円
最頻値	1,000 円	2,000 円

> ヒストグラムでデータの分布状況が把握できたら，次はデータを加工し，統計量を求めて考察しましょう。最も基本的な統計量はデータの中心を求める代表値とデータのバラツキの程度をみる散布度です。まずは，代表値からみてみましょう。

7−1 ▶ 代表値（average）

　代表値とは，ある変数の分布の中心的な位置を要約する統計量のことです。一般的な代表値としては，次のものが使用されます。

(1) 平均値（mean）

　平均値は，算術平均ともいわれるもので，データを加算した合計の値をデータの数で除算した値です。数学的な操作がしやすく応用がきくため，比較的よく使用されます。

　n 個のデータ（$x_1, x_2, x_3, \cdots, x_n$）が得られたとすると，平均値 $\bar{x}$（エックス・バー）の計算式は，次のようになります。

$$\text{平均値}\ \bar{x} = \frac{\text{データの総和}\ (x_1+x_2+\cdots+x_n)}{\text{データの個数}\ n} = \frac{1}{n}(x_1+x_2+\cdots+x_n) = \frac{1}{n}\sum_{i=1}^{n} x_i$$

ここで，$\sum$（シグマ）は総和（sum）を表す記号で，$\sum_{i=1}^{n} x_i$ は x_1 から x_n の合計を意味します。

　平均値は，間隔尺度，比例尺度に分類される変数に用いることができます。しかし，分布に歪みがあったり，外（はず）れ値とよばれる分布の両端に極端に大きい値や小さい値があったりする場合，平均値はデータ群を正確に代表している値といえません。たとえば，一般的な地方都市の1つの町の世帯所得を考えてみましょう。突然，この町に世界的な巨大企業のオーナー経営者が引っ越ししてきたとしましょう。この町の世帯所得を平均値で算出したらどうなるでしょう。たぶん，町の平均世帯所得は数倍に跳ね上がるはずです。なぜなら，平均値は外れ値も含めてすべてのデータを使って計算するからです。しかしながら，町内の平均所得が伸びたところで，この町の住人の所得がお金持ちになったわけではありません。つまり，この町の世帯所得の特徴を代表しているとはいえないですね。

　このような場合は，次に示す中央値，最頻値を用います。

(2) 中央値（median）

　中央値とは，データを大きさの順番に並べ，その順番の中央になる値です。

中央値は，順序尺度，間隔尺度，比例尺度で用いることができます。データの数が偶数のときは，中央になる2つの値の中点を中央値とするのが一般的です。中央値は，外れ値に影響されることが少ないため，代表値としては安定しているといえますが，数学的な操作には不向きです。

(3) 最頻値（mode）

最も多く出現する値を最頻値といいます。また，階級別度数分布表では，度数が最も多い階級の代表値（隣り合う境界値の中点）を最頻値として使用します。最頻値は大多数の傾向（つまり，流行）をつかむのに適しており，外れ値の影響を受けません。しかし，傾向の山が2つ以上ある場合は不向きでしょう。最頻値は，名義尺度，順序尺度，間隔尺度，比例尺度で用いることができます。

このように，それぞれの代表値にメリット，デメリットがあります。平均値とあわせて最頻値や中央値を出力して，データを分析すると外れ値の有無の判断材料として用いることができ，効率的な分析ができます。

一般的には，中央値や最頻値よりも平均値がよく用いられます。それは，平均値は，数学的操作が容易な代表値だからです。しかし，データの分布をよく考えないとまちがった解釈をすることになるので気をつけましょう。

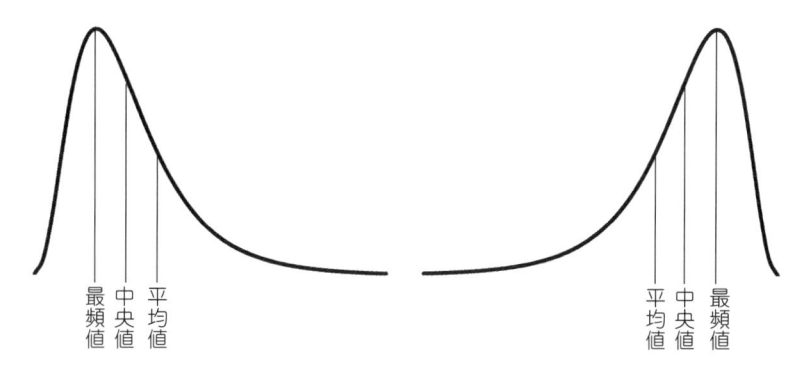

図1　右に歪んだ分布　　図2　左に歪んだ分布

7-2 Excel による代表値の分析

それでは，実際に Excel を使って量的データの分析を行いましょう。ここでは，「生活やイベントに関するアンケート」のデータ（http://www.9640.jp/toukei）から，「お祭りなどの屋台で食べ物を購入するとき，（全体で）どのくらいの金額を使うか」について，男女別にどのような差異があるのかをみてみます。

(1) 分析に使用するデータ部分を新しいシートにコピーする

第 6 章と同様に必要なデータのみを新しいシートにコピーして分析を行います（69 ～ 70 ページ参照）。

新しいシートを作成して「クリーニング」シートにある CT 列の q10_A の金額と，CZ 列にある f1 の性別のデータを新しいシートにコピーしましょう。

図３　新しいシートへコピー

(2) q10_A データを男女別の 2 群に分ける

次に，［並べ替え］機能を使って，q10_A のデータを男女別に分類しましょう。［並べ替え］機能は，指定した列の中で，数値を昇順／降順に，ローマ字をアルファベット順／逆順に，かな・カタカナ・漢字を五十音順／逆順などにするデータベース機能です。列を複数指定することにより，各行のデータをセットにして並べ替えることができます。また，列に優先順位を付けることも可能です。

ここでは，A 列と B 列をセットにし，B 列の性別を昇順に並べ替えることにより，データを男女別に分けてみましょう。

図４　並べ替えの開始

①A 列と B 列を範囲指定する。
②[データ] タブの [並べ替え] をクリック。

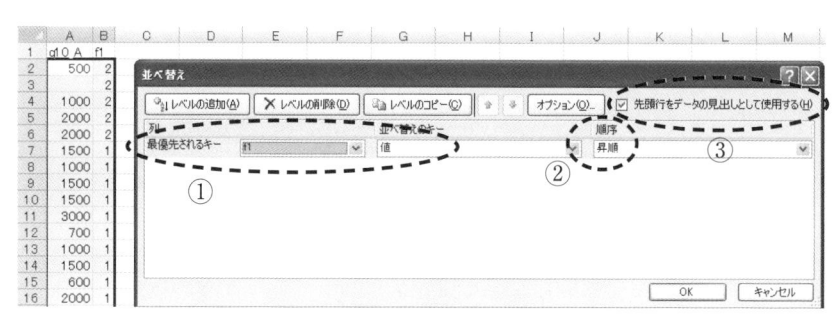

図5　[並べ替え] 画面

[並べ替え] 画面で，以下を確認もしくは変更して，[OK] をクリックします。
①最優先されるキー：f1
②順序：昇順
③先頭行をデータの見出しとして使用する：チェック

データの上の方が1「男性」，下の方が2「女性」に並べ替えられました。
次に，図6を参考にして，セル D1, E1 に見出しを追加し，セル A1 の見出しを変更してみましょう。

図6　男女別の見出しの設定

次に，女子のデータ（B列の値が2のデータ）をD列，E列にコピーします。

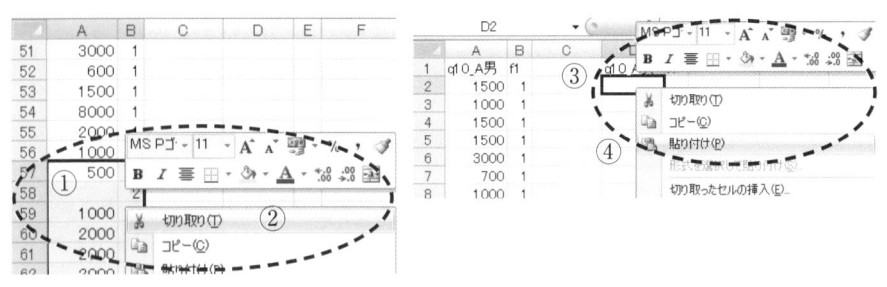

図7　女子回答者のデータの移動元指定　　　図8　移動先指定

①セル A57 から B104 を範囲指定し，太枠の内側で右クリックする。
②メニューから，[切り取り]を選択する。
③セル D2 で右クリックする。
④メニューから，[貼り付け]を選択する。

(3) f1(性別)のデータを削除し，男女各データを昇順に並べ替える

q10_A のデータを男女別にデータを分類することができたので，基本統計量を使ってデータの特徴を比較したいところですが，もう少し準備が必要です。1つは，不要となった f1 の性別のデータの削除です。

①B 列と E 列を範囲指定する。
②右クリックして，[削除]を指定する。

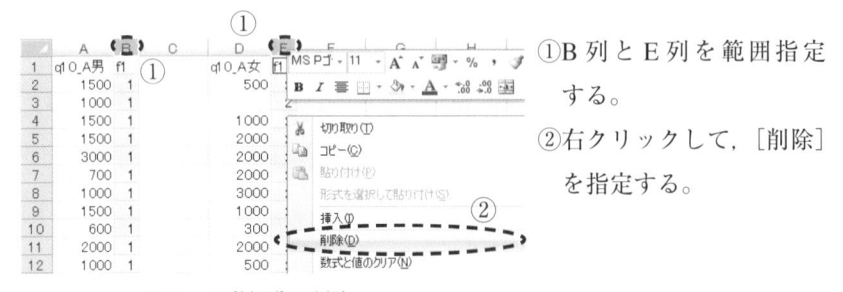

図9　f1(性別)の削除

もう1つは，第6章でみたように，q10_A のデータは右に歪みがありました。つまり，イベントや祭りの飲食に，比較的多額の金額を使うと回答した人がごく少数いたということです。このこと自体は示唆を得ることではありますが，全体的な傾向を把握するため，ここではあえて分析対象から除外することにします。そのため，男女の各データを昇順に並べ替えておきましょう。

① A列を範囲指定する。
②［データ］タブの［昇順］ボタンをクリック。

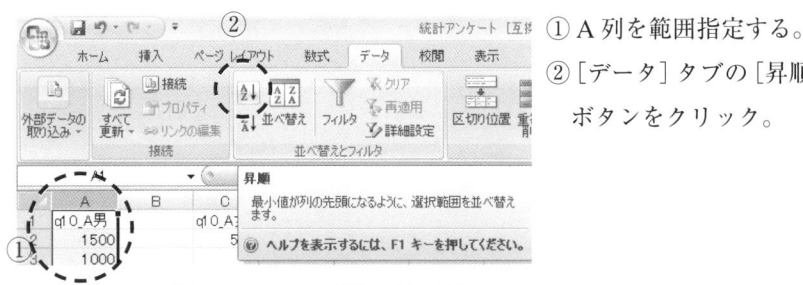

図 10　男子のデータを［昇順］で並べ替え

③ C列を範囲指定する。
④［データ］タブの［昇順］ボタンをクリック。

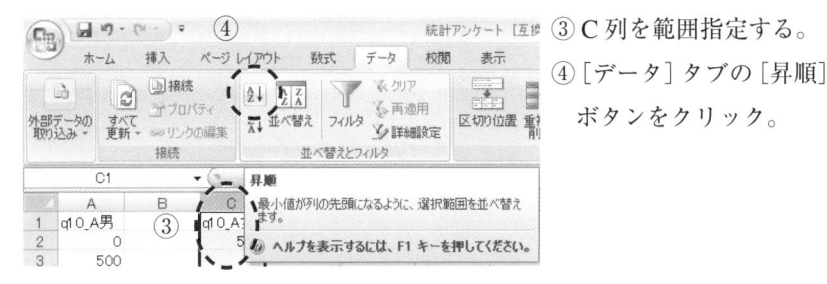

図 11　女子のデータを［昇順］で並べ替え

並べ替え後の結果は，図 10 のとおりです。男子の方は，4,000 円と 8,000 円，女子は 5,000 円と 10,000 円の間に大きな隔たりが見られますので，ここでは 8,000 円以上のデータを分析対象から除外することにします。

図 12　並べ替えの結果

(4) 男女別に，それぞれのデータの基本統計量を求める

　［基本統計量］ツールを使って男女それぞれのデータの基本統計量を求め

ます。まず，［データ分析］を起動して［基本統計量］を選択します(70 ～ 71 ページ参照)。

［基本統計量］画面では，男女それぞれ以下の通り設定して，［OK］をクリックします。

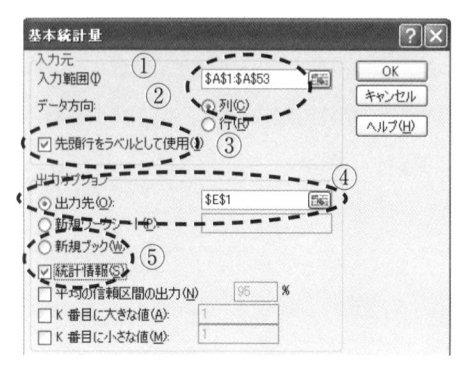

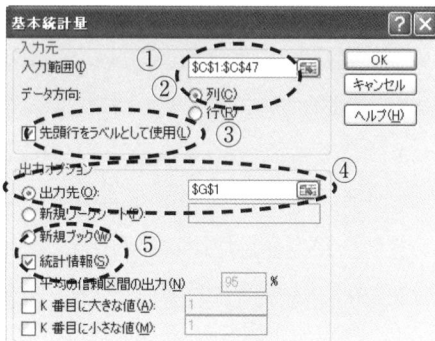

図 13　男子データの［基本統計量］画面　　図 14　女子データの［基本統計量］画面

①入力範囲：$A$1:$A$53　　　　　①入力範囲：$C$1:$C$47
②データ方向：列　　　　　　　　②同左
③先頭行をラベルとして使用：チェック　③同左
④出力先：$E$1　　　　　　　　　④$G$1
⑤統計情報：チェック　　　　　　⑤同左

(5) 結果と代表値に関する考察

結果は，表 1 のとおりです。

男子の平均値は，約 1,479 円，女子の方は約 1,646 円です。女子の方が 150 円以上高くなっています。中央値は，男子は 1,350 円，女子は 1,500 円でやはり女子の方が 150 円高いです。これらのことから，比較的女子の方がイベントや祭りの飲食にお金を使う傾向にあることがわかります。

また，平均値と中央値を比較すると男女とも平均値の方が高くなっています。このことから，極端に大きい値を分析対象から除外したにもかかわらず，依然として分布は男女ともに右に歪んでいることがわかります。

表1　q10_Aの基本統計量の結果（男女別）

q10_A男		q10_A女	
平均	1478.846	平均	1645.652
標準誤差	114.1014	標準誤差	160.2747
中央値（メジアン）	1350	中央値（メジアン）	1500
最頻値（モード）	1000	最頻値（モード）	2000
標準偏差	822.7969	標準偏差	1087.036
分散	676994.7	分散	1181647
尖度	0.705881	尖度	2.523068
歪度	0.954706	歪度	1.407405
範囲	4000	範囲	4700
最小	0	最小	300
最大	4000	最大	5000
合計	76900	合計	75700
標本数	52	標本数	46

　最頻値は，男子は1,000円であったのに対し，女子は2,000円でした。この結果からも，やはり女子の方が多くのお金を使う傾向にあることがわかります。

1年生男子のサイフ
- mean　1,479円
- median　1,350円
- mode　1,000円

＜

1年生女子のサイフ
- mean　1,646円
- median　1,500円
- mode　2,000円

オリジナルな物差しをつくる ― 高感度人間 ―

　心理学や社会学等では態度尺度などのスケールを作成して，人間の態度や行動を分析することも研究の重要な側面です。

　消費性向を測定するために，ライフスタイルを基盤にして消費行動についての尺度を作成することが行われています。巻末の「生活とイベントに関するアンケート」の調査票のF5(158ページ)をみてください。この質問は，日本経済新聞社が開発した高感度尺度というものです。

　12の項目について回答を求め，「はい＝1点」の数(0点〜12点)で4つのグループ(4分位)に分類します。第Ⅰ分位＝1〜2点，第Ⅱ分位＝3〜5点，第Ⅲ分位＝6〜8点，第Ⅳ分位＝9〜12点です。このうち最も得点の高い第Ⅳ分位(＝高感度人間)の反応の度合によって，新製品やサービスの需要予測を行うことを主な目的としています。高感度人間群の反応が高いほど，その新製品やサービスは普及するというわけです。これは，ロジャーズという米国の学者が考えた，「新製品の普及は，革新者(イノベータ)という少数のグループが評価して購入し，次に早期採用者，前期追随者，後期追随者と伝播してゆく」という「新製品普及モデル」の考え方に近いものです。つまり，高感度人間＝革新者(イノベータ)ということになります。

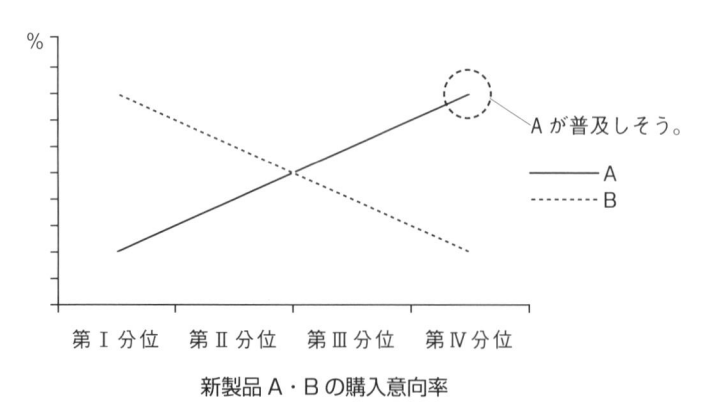

新製品A・Bの購入意向率

　このほかにも，朝日新聞社の「心理的サイフ」，日本マーケティングサイエンス学会の「LSI(Life Style Innovator)スケール」などが同時期に開発されています。

参考　博報堂マーケティング創造集団編『テクノ・マーケティング』日本能率協会 1983

ワークシート7 代表値を比較しよう

▶「生活やイベントに関するアンケート」（本書専用ウェブサイト http://www.9640.jp/toukei）のq10_B「お祭りなどの屋台で食べ物を購入するとき、1食品あたりどのくらいの金額を使うか」という質問のデータについて、男女別に代表値を求め、考察しなさい。

【手順】

1. q10_Bを男女別に分類
2. 基本統計量の算出（外れ値があればデータから除外）
3. ヒストグラムの作成

【課題】

基本統計量の結果とヒストグラムをみて、代表値に関する考察をしなさい。

第8章

データの散らばり具合をみる

KEYWORD
- ●散布度
- ●標準偏差
- ●分散

量的データの分析 2 ……データのばらつきの程度を比較する

武谷： 昨年は，模擬店の出店が今までで最も多かったらしいわよ。過去最高だったせいか，同じようなお店がたくさんあったわね。

遠藤： 毎年トップの売り上げを上げている野球部と，これも毎年トップグループにランキングしているサッカー部が「うどん」のお店を出して競合したんだ。なにしろ両クラブは人数も多いし機動力はバツグンだからね。

橋田： たしか野球部は「ホームラン麺」，サッカー部は「ヘキサゴンヌードル」という店名だった。ヘキサゴンって六角形という意味らしい。

佐々木： それで結果はどうだったの。

遠藤： 「ヘキサゴンヌードル」が，はじめてトップになったらしい。どうしてそうなったのかわからないけど。

武谷： 値段のつけ方に要因があったのでは。「ホームラン麺」は全般に安かったけれど，なんかインパクトがなかったわ。でも，「ヘキサゴンヌードル」は，値段に幅があっていろいろ選べた。私もヘキサゴンの天ぷらうどんにしたの。いい素材を使っていたし，ちょっとぐらい高くてもおいしいものがほしい，という客のニーズを，うまくとらえていたと思う。容器も持ち運びやすくておしゃれだった。

佐々木： 高額の商品が売れたのが勝因ね。

橋田： 価格は多少高くてもいいものなら買ってくれるだろう。利益のでる少し高めの商品をメインに考えよう。低価格の商品もそろえ，価格のバリエーションをつけると心理的な効果も期待できそう。

遠藤： ずばり商品は，「イタリア風焼きそば」。野球部とサッカー部は今年もうどんで勝負するみたいだ。

昨年の模擬店　値段の比較

	ホームラン麺	ヘキサゴンヌードル
きつねうどん	110	130
月見うどん	100	160
素うどん	80	60
天ぷらうどん	150	250

代表値につづいて，散布度（バラツキの程度）を比較してみましょう。散布度の概念は，所得格差について分析する場合や品質管理で均質で誤差を少なくしたい場合など様々な場面で利用することができます。

8-1 ▶ 散布度（dispersion）

本章では，データの散布度（ばらつきの程度）を分析してみましょう。まず，なぜデータのばらつきを見なければならないのかを考えてみましょう。

たとえば，蓮浦市と千代田市の2つの市のサラリーマンの年間所得を比較することを考えてみましょう。それぞれの市から1,000人ずつデータをとって分布を描いたところ，図12のとおりでした。細い線が蓮浦市，太い線が千代田市の分布です。どちらも左右対称の分布で，平均値等の代表値は約500万円です。では，蓮浦市と千代田市は同じ分布といえるでしょうか。

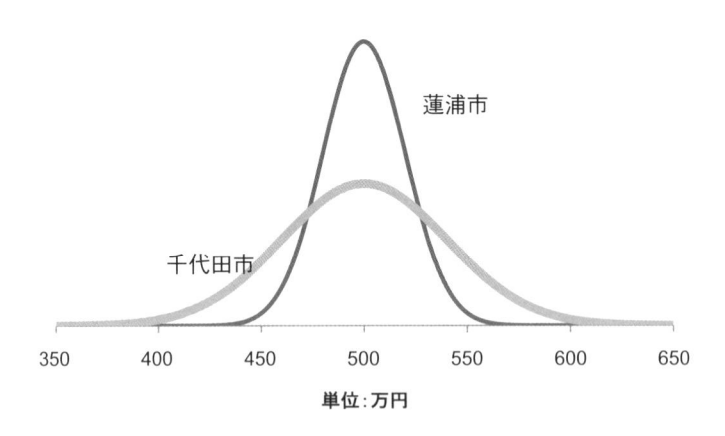

図1 蓮浦市と千代田市のサラリーマンの年間給与所得の分布

明らかに異なりますね。蓮浦市は分布が狭いのに対し，千代田市の分布が広がっています。つまり，蓮浦市に比べて千代田市の方が，所得格差が大きいことがわかります。代表値だけを比較していてはこの点をとらえることができません。

そこで，分布の広がりの程度，あるいはデータのばらつきの程度を把握する指標が重要であることがわかります。データのばらつきを見る指標は，分散，標準偏差，範囲，四分位偏差等があげられます。なかでも，分散と標準偏差は頻繁に使用しますので，しっかり理解しておきましょう。

(1) 分散 (variance)

　分散（本書では不偏分散 =unbiased variance を使用します）は，全体的にデータが平均値からどの程度離れているのかを表現したものです。たとえば，10 個のデータがある場合は，次のような手順で分散の計算を行います。

① それぞれのデータから平均値を差し引きます。

　　（1 番目のデータ − 平均値），（2 番目のデータ − 平均値），……，（10 番目のデータ − 平均値）

② ①の結果をそれぞれ 2 乗します。

　　（1 番目のデータ − 平均値）^{2}，（2 番目のデータ − 平均値）^{2}，……，（10 番目のデータ − 平均値）^{2}

③ ②をすべて合計して，「データの数 − 1」= 10 − 1 = 9 で除算します。

$$\text{不偏分散} = \frac{(1\text{番目のデータ}-\text{平均値})^2 + (2\text{番目のデータ}-\text{平均値})^2 \cdots + (10\text{番目のデータ}-\text{平均値})^2}{10-1}$$

一般的に，n 個のデータが得られたとき，数式では次のとおり表現します。

$$u_x^2 = \frac{(x_1-\bar{x})^2 + (x_2-\bar{x})^2 + \cdots + (x_n-\bar{x})^2}{n-1} = \frac{1}{n-1}\sum_{i=1}^{n}(x_i-\bar{x})^2$$

　分散の指標の意味は，計算式からとらえることができます。①では，各データから平均値を差し引くことによって，平均値から各データまでの距離を求めています。その距離の平均を求めればばらつきの指標になりそうですが，それほど単純ではありません。なぜならば，①で求めた距離の符合は，プラスとマイナスが混在しているため，①の距離の平均を計算すると，プラスとマイナスが打ち消しあって「0」になってしまいます。

　そこで，距離をすべてプラスに変換するために，②「2 乗」するのです。そして，③それらをすべて合計して「データの数 − 1」で除算します（1 を引く理由は，推測統計学の教科書をみてください）。

　計算過程から明らかなように，データのばらつきが大きいほど，分散の値は大きくなります。

　また，分散はその性質がもとのデータの 2 乗であるため，単位は使用しません。

(2) 標準偏差 (standard deviation)

標準偏差も分散同様，データが平均値からどの程度ばらついているのかを表現する指標です。具体的には，前ページで計算した分散の平方根が，その値です。

標準偏差 = $\sqrt{分散}$

一般的な数式では，次のとおり表現します。

$$u_x = \sqrt{u_x^2} = \sqrt{\frac{1}{n-1}\sum_{i=1}^{n}(x_i - \bar{x})^2}$$

分散と同様に，データのばらつきが大きいほど標準偏差の値は大きくなります。また，標準偏差の性質は，分散の平方根を計算することにより，元のデータと同じ性質に戻りますので，標準偏差の単位はデータと同じものを使用します。

8-2 分散と標準偏差の計算例

それでは，実際に簡単なデータを使って分散と標準偏差を計算してみましょう。

野球部の「ホームラン麺」とサッカー部の「ヘキサゴンヌードル」。どちらの店舗の値段が高いのかを調べようと，主なうどんの値段のデータを収集したところ，表1，図2のとおりでした。

表1 ホームラン麺とヘキサゴンヌードルの主な値段

	ホームラン麺	ヘキサゴンヌードル
きつねうどん	110	130
月見うどん	100	160
素うどん	80	60
天ぷらうどん	150	250

単位：円

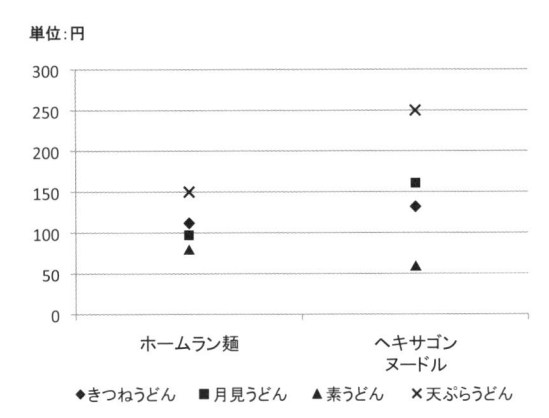

図2　ホームラン麺とヘキサゴンヌードルの値段の比較

2店の値段のばらつき具合を比較してみると，ヘキサゴンヌードルの方がホームラン麺よりも値段がばらついているようです。実際に，ホームラン麺とヘキサゴンヌードルの標準偏差を比較してみましょう。

表3はホームラン麺の標準偏差を表計算方式で求めたものです。実際に，電卓やExcelを使って「ホームラン麺」店の商品の値段の分散と標準偏差を求めてみましょう。

表2　ホームラン麺の標準偏差の計算

i	x_i	$x_i - \bar{x}$	$(x_i - \bar{x})^2$
1	110	0	0
2	100	-10	100
3	80	-30	900
4	150	40	1600
合計	440		2600
除数	4		3
	110		866.67
			29.44

平均値（$\bar{x}$）　不偏分散の値（u_x^2）　標準偏差の値（u_x）　データ数－1

第8章　データの散らばり具合をみる　101

表 2 を参考にして，表 3 のヘキサゴンヌードルの分散と標準偏差も表計算で計算してみましょう。

表 3　ヘキサゴンヌードルの標準偏差の計算

i	y_i	$y_i - \bar{y}$	$(y_i - \bar{y})^2$
1	130		
2	160		
3	60		
4	250		
合計			
除数			

「ホームラン麺」と「ヘキサゴンヌードル」の標準偏差の値を比較すると，ヘキサゴンヌードルの値の方が大きいという結果でした。つまり，これらのデータからは，「ヘキサゴンヌードル」は「ホームラン麺」よりも，値段のばらつきが大きいことがいえるでしょう。

8-3 ▶ 分析ツールの結果から

分散と標準偏差の意味や計算の仕方は理解できましたか。Excelの「分析ツール」を使用すれば分散や標準偏差などの基本統計量はただちに正確に出力されます。難しい計算はExcelで処理しましょう。

しかし，分散，標準偏差がどのような考え方で，どのような計算をし，どのように結果を読み取るのかを理解しておくことが重要です。

もう一度，第 7 章の q10_A「お祭りなどの屋台で食べ物を購入するとき

に使う金額(総額)」の回答の基本統計量の結果を考察してみましょう(91ページ参照)。

　分散の値は，男子が 676995，女子が 1181647 です。女子の値の方が大きいので，女子の方のばらつきが大きいことがわかりますが，前述の通り，この値自体は「もとのデータの 2 乗」という性質になっているため，とらえにくい数値になっています。

　標準偏差の値は，男子が 823 円，女子が 1,087 円で，女子の方が男子よりも約 250 円大きくなっています。このことから女子の方が男子よりも屋台に使う金額にばらつきがあることがわかります。

　代表値の分析から，女子の方が男子に比べて多くの金額を使う傾向にあることがわかっています。女子の方が学園祭での消費のリーダーであることから，女性に万人受けする最大公約数的な商品を開発するという考え方もあるでしょう。しかし，ばらつきが大きいことから，さらにターゲットを絞り，金額を多く使う女子学生はどのような性質の学生なのかを分析した上で，彼女たちの性質に合わせた商品を考えるという方法もあります。

1 年生男子のサイフ

標準偏差
823 円

＜

1 年生女子のサイフ

標準偏差
1,087 円

ワークシート8 ばらつきを比較しよう

【課題】

ワークシート7の基本統計量の結果とヒストグラムから，散布度に関する考察をしなさい。

第9章

データの関係を調べる

KEYWORD
- 散布図
- 相関分析

量的データの関連性分析 1……2変数の関係をみる

遠藤：女子の方が男子よりも使う金額が多くて，散布度が大きいことがわかった。で，もう少し的を絞ってみたいと思って，さらに分析してみたんだ。たとえば，どんな人にチラシを配ったら効率的かとか。

武谷：ホワイトボードのチャートは，そのことの説明なのね。

遠藤：そう。買い物のタイプ（アンケートのF4）の各項目の関係を調べてみた。相関係数を算出して，値の高くて面白そうなところをピックアップして，図にしてみた。

橋田：で，結果は？

遠藤：「買い物に友人を誘う」女性は，予定の買い物より多く買う。それに，安売りだとつい買ってしまう傾向がある。チラシを渡す女子は友人と一緒に来ていて，中心になっている人に積極的に配布しよう。安売り情報，たとえば，タイムセールとか数を限定した安売り商品とかを載せよう。

佐々木：安売り情報を効果的に使うと，友人をたくさん連れてきている人を呼び込めるかも。

武谷：それはいいアイディアだわ。ところで，相関係数って何なの。

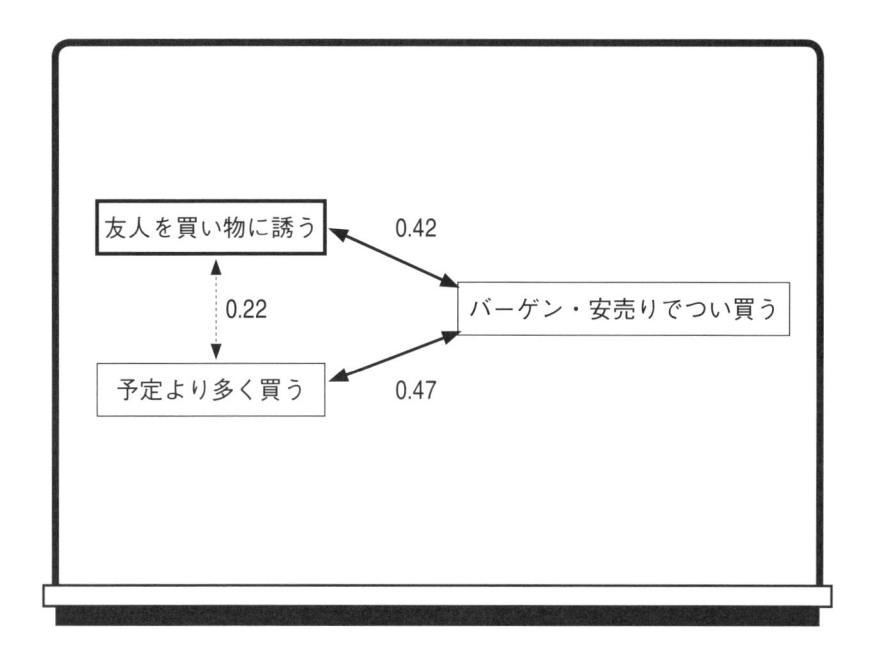

```
┌─────────────────────────────────────────────┐
│                                             │
│   ┌──────────────┐   0.42                   │
│   │友人を買い物に誘う│ ←──→ ┌──────────────────┐│
│   └──────────────┘       │バーゲン・安売りでついつい買う││
│        ↕ 0.22       ┌───→└──────────────────┘│
│   ┌──────────────┐  │                       │
│   │予定より多く買う │←─┘ 0.47                │
│   └──────────────┘                          │
│                                             │
└─────────────────────────────────────────────┘
```

> 相関は，2つの量的変数について関係の強さをみる手法です。まずは2つの量的変数の組み合わせを考えてみましょう。ちなみに，クロス集計は質的変数の関係をみています。

9-1 ▶ 相関（correlation）

　相関とは関連性のことです。たとえば、「学習時間が長い人は学業成績が良いだろう」とか「足のサイズが大きい人は身長が高いだろう」というように、2つの変数の間に関連性があるような現象がたくさんあります。実際に関連性がある時には、たとえば、「学習時間と学業成績の間に相関関係がある」という表現をします。相関関係とよく似た言葉に因果関係がありますが、因果関係は原因と結果がはっきりしている現象に用いられます。それに対して、相関関係は原因と結果については言及しないことに注意しましょう。

　本章では、2つの量的変数に関連性があるのか、また、関連の強さはどの程度なのかを測る方法を学びます。

　2つの量的変数の関連性をみる方法は2種類あります。1つ目は散布図と呼ばれるグラフによって確認する方法です。2つ目は相関係数とよばれる統計量を使用する方法です。この散布図と相関係数は密接な関係がありますが、どちらか1つの方法だけを実施するのではなく、2つの方法を併用して分析を行うことが重要です。

　以下では、散布図と相関係数について説明します。

9-2 ▶ 散布図（scatter diagram）

　散布図は2変数のデータを縦軸、横軸にプロットしたグラフです。例をあげて説明します。

　メンバーの一人である遠藤翔太の伯父の遠藤章悟は、蓮浦市にある「朝日デパート」の事業本部長です。最近の経営不振から、彼は百貨店業界の財務状況について調べようと思い立ち、各社の財務データを収集してみました。表1は、百貨店業界各社の「売上高」と「販売費」に関するデータです。また、図1はこのデータを散布図に表したものです。

表1　百貨店業界の販売費と売上高　（単位：百万円）

名称	販売費	売上高
A	279,188	986,098
B	74,189	305,743
C	25,850	108,349
D	69,333	304,200
E	163,549	628,996
F	7,155	21,731
G	109,778	461,166
H	62,725	271,363
I	69,563	302,413
J	17,863	78,721
K	23,278	236,359
朝日デパート	54,562	144,714

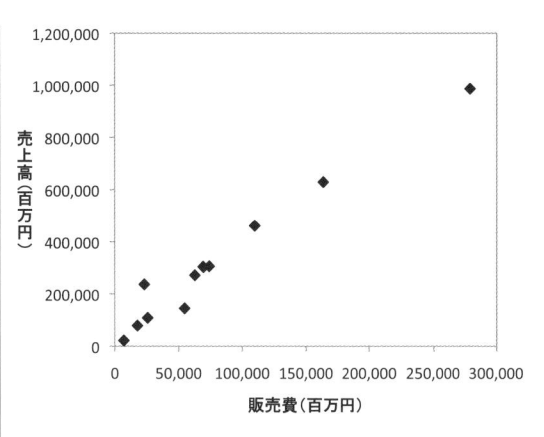

図1　百貨店業界の販売費と売上高の散布図

　販売費とは，商品やサービスを販売するために必要な，広告費，販売手数料などのコストのことです。

　特に広告費などは商品やサービスの販売に必要なわけですから，これらの費用をかければ売上が伸びるのではないかという予測ができます。逆に，売上があるから，これらのコストをある程度かけられるという見方もできます。いずれにせよ，販売費と売上高は関連性が高いことが予想できます。

　では，図1の散布図を作成してみましょう。

(1)散布図の作成

　まず，表1をExcelに入力します。次に，第2章のグラフ作成方法を参考にして，実際に散布図を描いてみましょう（19～23ページ参照）。

　手順は以下のとおりです。

> 1) 範囲指定は，販売費と売上高のデータ(見出しも含める)です。名称は範囲に含めません。
> 2) グラフは「散布図」(マーカーのみ，線なし)を選択します。
> 3) タイトル，y 軸ラベル，x 軸ラベルなどは図1を見本にして設定しましょう。

　データの範囲指定は，隣接する列の2変数のデータを指定します。その際，左側のデータが横軸(x軸)，右側のデータが縦軸(y軸)になります。

(2) 散布図の見方……関連性の評価

　この散布図からは，おおむね，次のような関係が浮かび上がってきます。

| 販売費の値が大きいときには売上高の値も大きく，販売費の値が小さいときには売上高の値も小さい | ＝ 右肩上がりの傾向 |

　やはり，予想したとおり販売費と売上高は関連性が見受けられました。
　ところで，2変数の関係は右肩上がりだけではありません。別の2変数を散布図に表すと，次のような関係が浮かび上がることもあります。

| 変数xの値(横軸)が大きいときには変数yの値(縦軸)が小さく，変数xの値が小さいときには変数yの値が大きい | ＝ 右肩下がりの傾向 |

　あるいは，次のような場合もあります。

| 変数xの値の大小と変数yの値の大小には何の関係もみられない | ＝ 傾向なし |

　図2は右肩下がりの傾向がある場合，図3は2変数の間に傾向が見られない場合の例です。

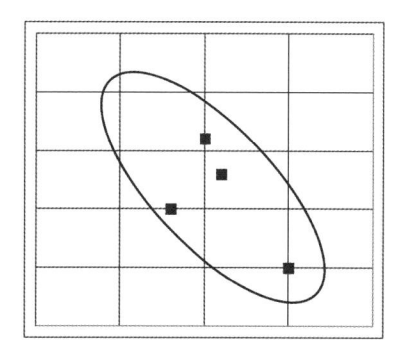

図2 右肩下がりの傾向がある例 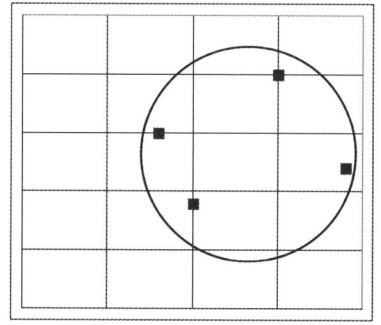　　図3 2変数の間に傾向が見られない例

9-3 ▶ Excelによる相関係数（correlation coefficient）の算出

相関係数は，2つの量的変数の線形関係（一次関数の関係）の強さをみる指標です。ここでは，「データ分析ツール」の「相関ツール」を用いて，相関係数を求めてみましょう。

(1) Excelの分析ツールによる相関係数の算出

はじめに，［データ］タブの［データ分析］をクリックします。

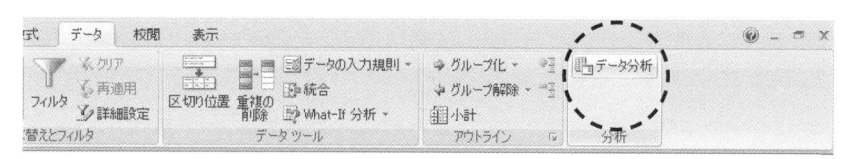

図4 ［データ分析］の起動

次に，データ分析の中から，［相関］を選択して，［OK］をクリックします。

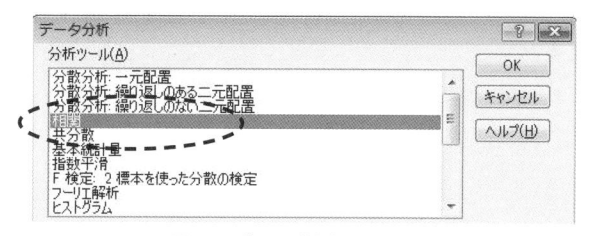

図5 データ分析ツール画面

第9章　データの関係を調べる　111

	A	B	C
1	名称	販売費	売上高
2	A	279,188	986,098
3	B	74,189	305,743
4	C	25,850	108,349
5	D	69,333	304,200
6	E	163,549	628,996
7	F	7,155	21,731
8	G	109,778	461,166
9	H	62,725	271,363
10	I	69,563	302,413
11	J	17,863	78,721
12	K	23,278	236,359
13	朝日デパート	54,562	144,714

図6　データ入力画面

データが図6のように入力されている場合, [相関ツール] 画面では, 図7のとおり設定して, [OK] をクリックします。

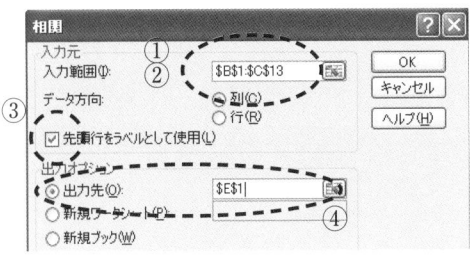

図7　相関ツール画面

①入力範囲：$B$1:$C$13
②データ方向：列
③先頭行をラベルとして使用：チェック
④出力先：$E$1

結果は, 表2のとおり出力されます。

表2　相関の出力(相関行列)

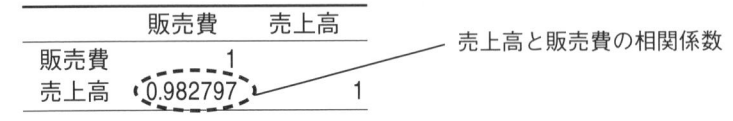

	販売費	売上高
販売費	1	
売上高	0.982797	1

― 売上高と販売費の相関係数

(2) 相関係数から相関の強さをみる

　表2の出力形式を相関行列とよびます。表の中央下の「0.982797」という値が販売費と売上高の相関係数です。本来, その右上の空欄にも同じ値が入るべきですが, Excelでは表示されません。

　相関係数の取りうる値は, −1と1の間です。相関係数がプラスの値のとき, xとyの間には「正の相関がある」といいます。相関係数がマイナスの値のとき, xとyの間には「負の相関がある」といいます。また, 相関係

数が1もしくは－1のときは，xとyの間に「完全な相関がある」といい，0のときは「無相関である」といいます。通常，相関係数の値が0に近ければ「相関が弱い」，1(もしくは－1)に近ければ「相関が強い」と表現します(図8参照)。

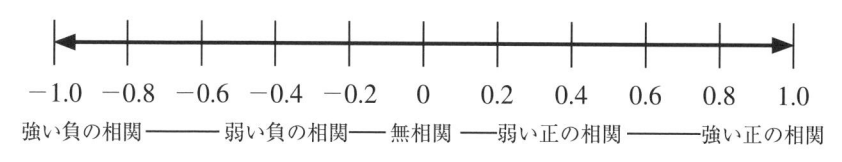

```
 ←――――――――――――――――――――――――→
-1.0 -0.8 -0.6 -0.4 -0.2  0  0.2  0.4  0.6  0.8  1.0
強い負の相関―― 弱い負の相関― 無相関 ―弱い正の相関 ――強い正の相関
```

図8　相関係数による2変数の関係の評価の目安

このデータの場合，「販売費と売上高は非常に強い正の相関がある」といえるでしょう。

また，表2の相関行列に「1」という値が2つありますが，これは販売費と販売費，売上高と売上高の相関係数です。同じ変数同士の相関ですので，相関係数は1となり完全な相関です。

(3)相関係数と散布図との関係

相関係数は，2変数の線形関係(一次関数の関係)の強さを示す指標です。相関係数が1(もしくは－1)のときは，散布図は右上がり(もしくは右下がり)の直線上に全てのプロット点が並ぶことになります。

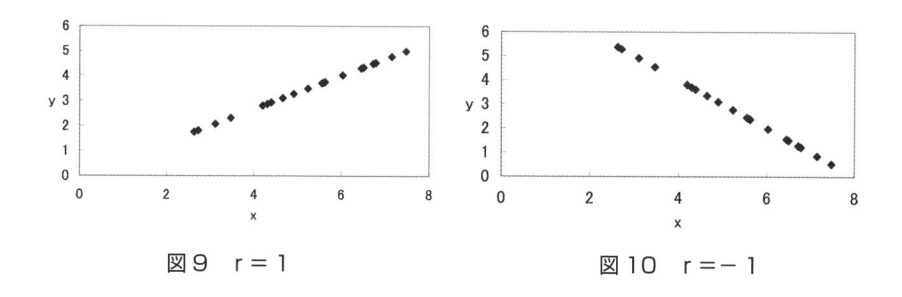

図9　r＝1　　　　　　　　　図10　r＝－1

直線上に全てのプロット点が並ぶようなデータは社会科学分野では極めてまれであり，通常，相関があるデータを散布図に描くと，プロット点は直線

の周りを変動しているものがほとんどです。プロット点が直線に近づけば近づくほど，相関係数の値は1(もしくは－1)に近づきます。擬似的なデータを用いて散布図と相関係数を求めてみたのが，図11から図14です。

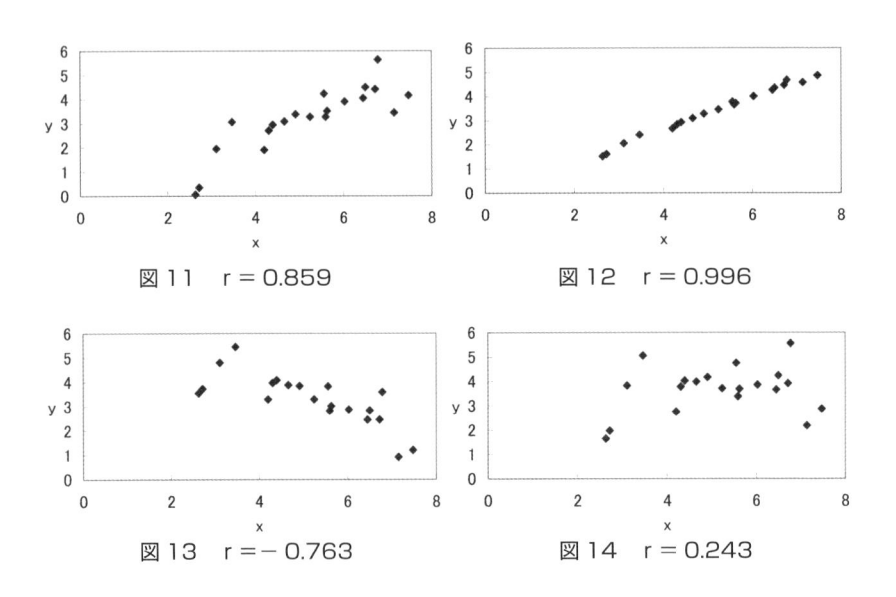

図11　r＝0.859

図12　r＝0.996

図13　r＝－0.763

図14　r＝0.243

(4)相関係数の注意点

　相関係数を使用する上で，いくつか注意すべき点があります。第1に，相関係数は外れ値の影響を受けやすいという点です。図15をみてください。この散布図は左下に右肩下がりに密集したデータ群があり，1つだけ右上の方にプロットされています。もしこの外れ値がなければ，おそらく相関係数はマイナス，それもかなり－1に近い値を示していたと思われます。このように，相関係数の値は，たった1つのデータの値に影響を受ける可能性があるということを覚えておいてください。

　第2に，相関係数は一次関数の関係にない変数の関連性を直接測ることができません。図16をみてください。相関係数は「0.935」とかなり強い正の相関があることを示唆しています。実際に散布図を描くと，この場合は一次関数の関係ではないことがわかります。このような場合は，対数変換などデータを加工してから分析を進めることが必要です。

図15　r = 0.747

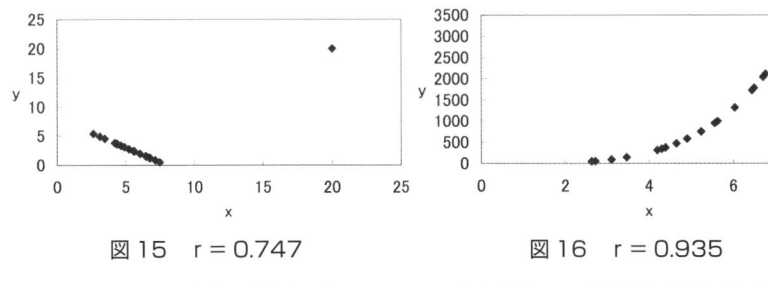

相関係数は異常値の影響を受ける。

図16　r = 0.935

相関係数は，曲線的な関係をとらえることはできない。

　いずれにしても，散布図を描けばすぐに気がつくことです。相関係数だけをみていてはこのような誤りに陥る可能性があります。そのため，相関係数の算出による分析とともに散布図を描いて分析することが重要です。

　第3に，見かけ上の相関があげられます。たとえば，ある年の夏，例年より気温が高かったので，ビールがよく売れました。また，Aブランドのアイスクリームが売れました。この事実から，気温とビール，Aブランドのアイスクリームの販売量には相関がありそうです。しかし，ビールが売れる年はAブランドのアイスクリームが売れるという相関は成り立たないでしょう。次の年の夏に売り上げを伸ばすのは，新製品で話題のBブランドのアイスかもしれません。

9-4　相関係数の計算例

　以上，Excel を用いて相関係数を求める方法と読み方について説明してきました。ここでは，相関係数の算出過程について述べておきます。
　x, y の2つの変数について，n 組のデータ $(x_1, y_1, x_2, y_2, ……, x_n, y_n)$ が得られたとき，相関係数の計算は次の手順で行います。
① x の標準偏差を求める。
② y の標準偏差を求める。
③ x と y の共分散(covariance)を求める。
④ ③を①と②の積で除算する。

第9章　データの関係を調べる

①と②の標準偏差の算出は第8章を参照してください。③の共分散については，たとえば，10組のxとyのデータが得られたとすると，次のようにして求めます。

$\{$(1番目のxデータ$-x$の平均値)$\times$(1番目のyデータ$-y$の平均値)
$+$(2番目のxデータ$-x$の平均値)$\times$(2番目のyデータ$-y$の平均値)
$+$ ……
$+$(10番目のxデータ$-x$の平均値)$\times$(10番目のyデータ$-y$の平均値)$\} \div (10-1)$

相関係数rは数式で表現すると，次の通りです。

$$r = \frac{\frac{1}{n-1}\sum_{i=1}^{n}(x_i-\bar{x})(y_i-\bar{y})}{\sqrt{\frac{1}{n-1}\sum_{i=1}^{n}(x_i-\bar{x})^2} \cdot \sqrt{\frac{1}{n-1}\sum_{i=1}^{n}(y_i-\bar{y})^2}} = \frac{\sum_{i=1}^{n}(x_i-\bar{x})(y_i-\bar{y})}{\sqrt{\sum_{i=1}^{n}(x_i-\bar{x})^2} \cdot \sqrt{\sum_{i=1}^{n}(y_i-\bar{y})^2}}$$

ホームラン麺とヘキサゴンヌードルの値段のデータについて，相関係数を求めてみましょう。

i	x_i	y_i	$x_i-\bar{x}$	$y_i-\bar{y}$	$(x_i-\bar{x})^2$	$(y_i-\bar{y})^2$	$(x_i-\bar{x})(y_i-\bar{y})$
きつね	110	130	0	-20	0	400	0
月見	100	160	-10	10	100	100	-100
素	80	60	-30	-90	900	8100	2700
天ぷら	150	250	40	100	1600	10000	4000
合計	440	600			2600	18600	6600
除数	4	4			3	3	3
	110	150			866.67	6200	2200
					29.44	78.74	

平均値　　　分散の値　　標準偏差の値　　共分散の値

よって，相関係数は，

$$r = \frac{2200}{29.44 \times 78.74} \fallingdotseq 0.9491$$

となります。

"女の子の登校率が上がると，子どもの死亡率が減る"

　標題は，ユニセフ(UNICEF)からのダイレクトメールに書いてあったコピーです。どういうことでしょう。

　ユニセフの調査によると，現在，世界では1億100万人の子どもたちが小学校に行けない状態とのことです。そして，その性別の内訳は，男の子が4800万人で女の子が5300万人となっています。教育を受けていない女の子が男の子よりも500万人も多いのです。

　では，子どもの死亡率と女子の登校率とは，どのような関係にあるのでしょうか。学校で勉強できると，健康的でいるための必要な知識を学習することになり，病気やHIV（エイズ）などから身を守ることができるようになります。また，女の子が教育を受けて大きくなると，度重なる出産を防ぐことができるようになり，子どもの死亡率を下げるという研究結果が発表されているようです。

　一方，学校で習った健康的な生活をするための知識は，おとなになってから，自分の子どもにも役立てようとします。近年発表されたデータでは，小学校を出た母親の子どもは，そうでない母親の子どもより，5歳の誕生日を迎えられる可能性が2倍高いことが証明されているようです。

　「女の子の登校率」と，「子どもの死亡率」との間に相関（負の相関）があり，さらに，「女の子の登校率が上がると，子どもの死亡率が減る」という因果関係も成り立っているようです。

　ところで，女子が教育を受ける割合が低い理由として，主な要因として4つあげられています。1. 伝統的な差別や習慣＝"女の子は早く結婚して家のことをするものだ"とか，"家事をする女の子に学校の勉強は役に立たない"といった，男女の役割を分ける伝統的な習慣や差別が残っていること。2. 貧困＝お金に余裕がなければ，男の子が優先され，女の子の多くが家族の生活のために働きに出されたりすること。3. 女子に不便な学校施設＝女の子用のトイレがないなど，女の子が不便な学校まだ多くあること。4. 遠距離通学＝学校まで遠く危険な区域を通らなければならない場合，親は女の子たちに危険な道を歩かせるより家にいることを望むこと。

　この4つの要因も，子どもの死亡率に関係しているといえます。なぜなら，伝統的な差別や習慣，貧困，女子に不便な学校施設，遠距離通学は，「女の子の登校率」を下げる要因だからです。

　　　参考　ユニセフ　2009年　夏　キャンペーン　「女の子に学ぶチャンスを」
　　　　　http://www.unicef.or.jp/special/09sum/

ワークシート9 相関行列から2変数の関係性を評価しよう

▶本書専用ウェブサイト（http://www.9640.jp/toukei）の「生活やイベントに関するアンケート」のf4のデータについて相関行列を求め，比較的相関の強い2変数の関係性について考察しなさい。

【手順】

1. f4のすべてのデータを新しいシートにコピー。
2. 相関ツールを使って相関行列を算出。
3. 相関係数の値が比較的大きい2変数を2組選ぶ。
4. その関係性について考察。

考察：

第10章

データの一方向的関係を調べる

KEYWORD
- 回帰直線
- 回帰係数

量的データの関係性分析 2 ……2変数の関係から予測する

橋田：ターゲットは1年生女子＝こづかいも多い。友人と出かける傾向。安売りに弱い。

武谷：友人を連れてきている1年生女子に，タイムセールのチラシを配る。看板などもあわせて効果的なプロモーションを行う。わたしが担当するわ。チラシのキャッチコピーは，コピーライター志望の佐々木さん，頼むわよ。ところで，模擬店のチラシって，どれくらい用意すればいいのかな。

佐々木：200枚くらいでいいんじゃない。

武谷：どうして200枚なの。

遠藤：難しいね。会社だったらたいて広告費と売上高のデータをとっているから，どれくらい広告費を使えばどれくらいの売上が上がるのか予測できるんだけど。

武谷：すごいわ。どうしてそんなことがわかるの。

遠藤：毎年，広告費と売上高のデータを記録して，散布図を描けばだいたいの傾向がつかめるんだ。それに，過去のデータから広告費をいくらに設定すれば，売上高がどのくらいになるのかおおよその計算ができるんだよ。

武谷：広告費を増やせば売上はどんどん増えるの？　本当かな？

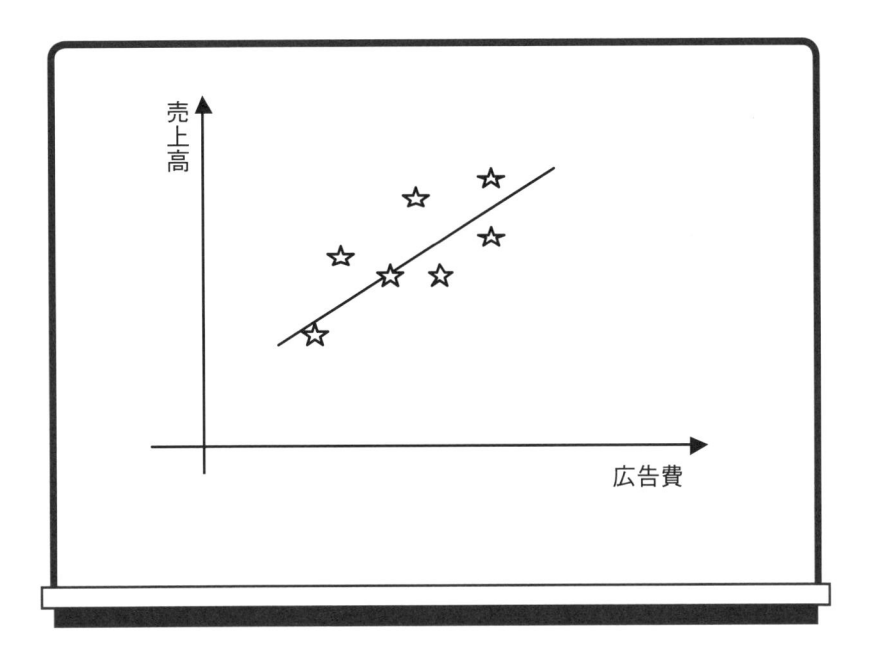

回帰は，相関に方向性を加えた分析手法ですので，因果関係も表現できます。しかしながら，回帰は因果関係そのものを証明するものではないので注意しましょう。

10-1 回帰モデル（regression model）の考え方

　回帰モデルとは，ある変数の変動が，別の変数の変動からどの程度説明されるかを表すものです。前章の相関では，2つの変数がお互い関連しあっているかどうかに関心をおき，方向性はあまり考えませんでした。一例として，「学習時間が長い人は学業成績がよい」だろうという仮説をあげましたが，ここでは「学習時間」と「学業成績」という2つの量的変数の関係に焦点をあてています。ただし，相関という概念のもとでは，「学習時間が学業成績に影響を与える」のか，それとも「学業成績が学習時間に影響を与える」のかは特に考えませんでした。

　それに対して，回帰モデルは，どちらからどちらへの変数に影響を与えるのかを明確にします。ここでは，学習時間から学業成績に影響を受けていると考えてみましょう。このとき，影響を与える方の変数を説明変数，影響を受ける方の変数を被説明変数といいます。ただし，学業成績は学習時間以外にも，学習方法などさまざまな要因によって左右されるはずです。そこで学習時間以外の要因をすべて誤差としてまとめてしまいます。

　図1は相関と回帰をそれぞれ図解で表したものです。

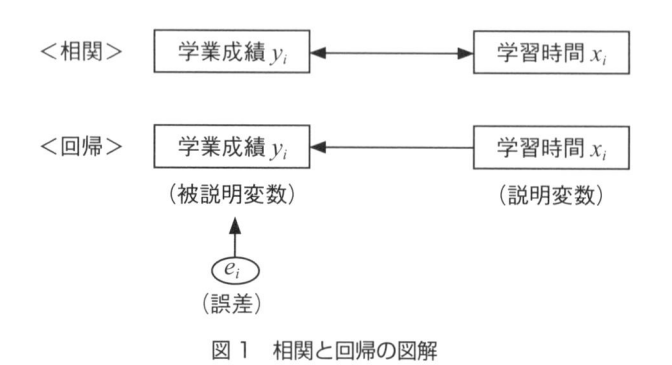

<相関>　　学業成績 y_i ←→ 学習時間 x_i

<回帰>　　学業成績 y_i ← 学習時間 x_i
　　　　　（被説明変数）　　（説明変数）
　　　　　　　↑
　　　　　　e_i
　　　　　（誤差）

図1　相関と回帰の図解

10-2 Excelによる回帰直線（regression line）の描画

　回帰モデルの中でもっとも単純なものは一次関数で表現するモデルです。前章で使用した百貨店の売上高と販売費のデータを使って考えてみましょう（表1）。図2の散布図をみてみると，この12組のプロットされたデータの間を貫くようにして右肩上がりの直線を引くことができそうです。この直線のことを回帰直線といいます。実際の線の引き方は後に回すとして，ここでは回帰直線の意味を考えてみましょう。

　この直線はどのような意味があるでしょうか。プロットされたデータを無視して，この直線を x の関数とみなせば，

$$\hat{y} = a + bx \tag{10.1}$$

と表現することができます。ここで，$\hat{y}$（ワイ・ハット）は売上高の予測値です。また，a は y 切片，b は傾きです。この a と b を求めることができれば，販売費（x）がいくらなら，売上高（y）はおよそいくらかということを見積もることができるでしょう。また，傾き b から，「販売費を1単位増加させると売上高がおよそ b 増加する」と見積もることができます。

　このようにして回帰直線を求めることができれば，x に値を入れることにより，y に関する予測や統制に利用することが可能になるのです。

表1　百貨店業界の売上高と販売費
（単位：百万円）

名称	販売費	売上高
A	279,188	986,098
B	74,189	305,743
C	25,850	108,349
D	69,333	304,200
E	163,549	628,996
F	7,155	21,731
G	109,778	461,166
H	62,725	271,363
I	69,563	302,413
J	17,863	78,721
K	23,278	236,359
朝日デパート	54,562	144,714

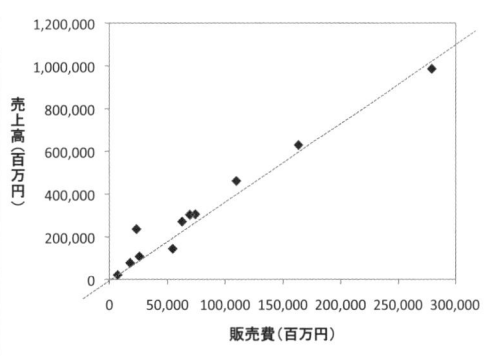

図2　百貨店業界の売上高と販売費の散布図

回帰直線を描くことは，すなわち，回帰係数と呼ばれる a, b の値を求めることに他なりません。では，この a, b はどのように求めればよいでしょうか。少々大胆な方法ですが，目分量でよければ散布図上に適当に直線を描いてみましょう。このときできるだけプロットされたデータの真ん中を貫くように直線を描くことが大切です。直線と y 軸の交点が y 切片 a になります。また，傾き b は x の増分に対する y の増分の比で求めることができます。

　もう少し，厳密に直線を描いてみましょう。Excel の散布図上で，簡単に回帰直線を引くことができます。また，回帰係数を表示することもできます。以下に手順を示します。

　まず，第9章を参照して散布図を作成します。そして，散布図のプロット点の1つを右クリックし，メニューの中から［近似曲線の追加］を選択します。

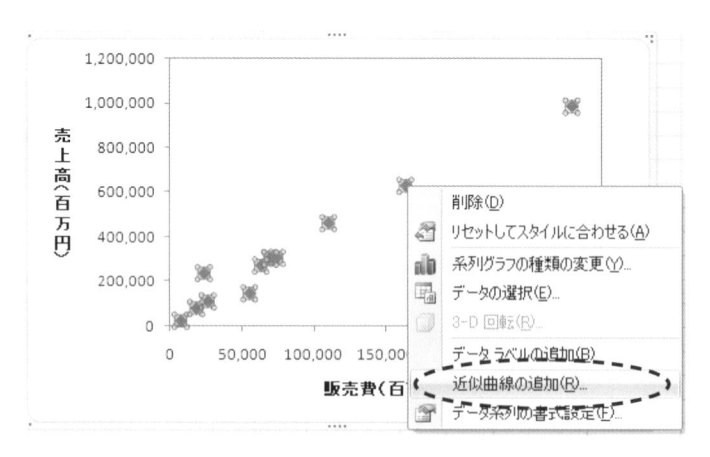

図3　近似曲線の追加

　［近似曲線の書式設定］画面で次の通り設定して，［閉じる］ボタンをクリックします。
①「近似または回帰の種類」の中から「線形近似」を選択。
②［グラフに数式を表示する］に，チェックマークを入れる。
③［グラフに R-2 乗値を表示する］に，チェックマークを入れる。

図4　近似曲線の書式設定

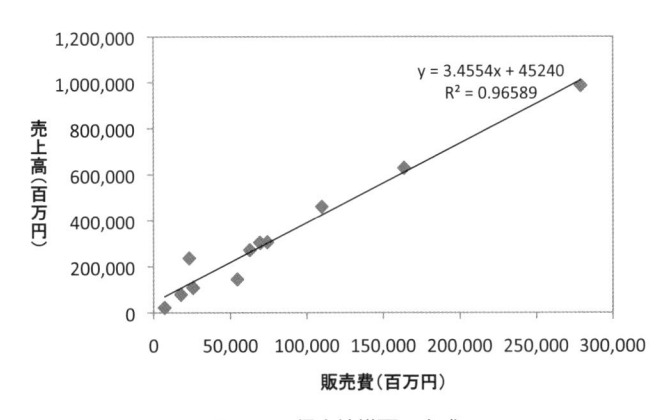

図5　回帰直線描画の完成

　この回帰直線の係数はグラフの右上に表示されているとおり，$a = 45240$，$b = 3.455$ です。つまり，百貨店業界では，販売費を百万円増やすと，売上高が約 345 万円増えると見積もることができます。ただし，この予測はあくまでも得られたデータから見積もられたものです。販売費をいくらでも増やすと，売上高がこのまま増え続けるというわけではありません。あくまで

も目安として利用しましょう。

R-2乗値は，一般的に決定係数と呼ばれます。決定係数は0から1までの値をとり，データがこの回帰式に対してどの程度当てはまりが良いかを示します。1に近いほど当てはまりが良いと評価します。この例では約0.966ですから，かなり当てはまりが良いと評価できます。決定係数の詳細は，後の節で説明します。

10-3 最小二乗法（Least Squares Method）

前節ではExcelの散布図を操作して回帰直線を描画したり，回帰係数を求めたりしました。この回帰係数がどのような考えのもとで求められているのかをここでは説明します。

回帰直線は前節で示した通り（10.1）式で表現しますので，実際のデータ x_i（$i = 1, 2, ……, n$）が与えられると，それに対するyの予測値 $\hat{y}_i$ は，次のように表せます。

$$\hat{y}_i = a + bx_i \quad (i = 1, 2, ……, n) \tag{10.2}$$

一方，実際のデータはこの直線の上にピッタリ重なることはまずないでしょう。つまり，ある一つの売上高の実際の値 y_i とその売上高の予測値 $\hat{y}_i$ の間にはズレがあります。これが，図1の回帰の図解で示した e_i に相当します。e_i は専門用語では残差といい，式で表すと

$$e_i = y_i - \hat{y}_i \tag{10.3}$$

です。この関係は，図6で表現することができます。

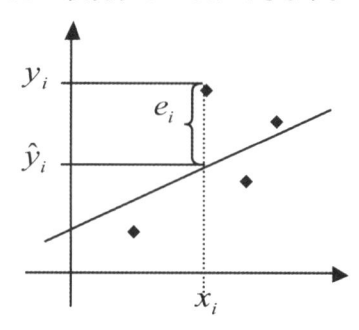

図6　残差 e_i は売上高と予測値のズレ

(10.2)式と(10.3)式を整理すると，次のようになります．

$$y_i = a + bx_i + e_i \quad (i = 1, 2, \cdots\cdots, n) \tag{10.4}$$

この式を線形回帰式と呼びます．

さて，回帰係数を求める方針は，売上高と予測値のズレである残差 e_i が全体的にできるだけ小さくなるように a, b を求めることです．つまり，n 個の残差が全体的にできるだけ小さくなるように回帰直線を引きたいわけです．"全体的に"ということでまず思いつくのは，残差の合計をできるだけ小さくすればよいのではないかということですが，少々問題が生じます．データの間を貫くように回帰直線を描くとかならず，残差はプラスの値とマイナスの値が生じます．すると，単純に合計するとプラスとマイナスが相殺されてしまいます．

そこで，相殺されないように，残差平方和，すなわち，「残差の2乗値の合計」が最小になるような a, b を求めます．この方法を最小二乗法といいます．この考え方を式で表すと次のようになります．

$$\sum_{i=1}^{n} e_i^2 \to \min_{a,b} \tag{10.5}$$

この方針で，a, b の解を求めると，次のようになります（解法は様々な方式がありますが，偏微分を使用する方法が一般的です．ここでは省略します）．

$$a = \bar{y} - b\bar{x} = y \text{の平均値} - b \times x \text{の平均値} \tag{10.6}$$

$$b = \frac{\sum_{i=1}^{n}(x_i - \bar{x})(y_i - \bar{y})}{\sum_{i=1}^{n}(x_i - \bar{x})^2} \tag{10.7}$$

b を求める式の分母，分子をともに，$n - 1$ で除算すると，

$$b = \frac{\frac{1}{n-1}\sum_{i=1}^{n}(x_i - \bar{x})(y_i - \bar{y})}{\frac{1}{n-1}\sum_{i=1}^{n}(x_i - \bar{x})^2} = \frac{x, y \text{の共分散の値}}{x \text{の不偏分散の値}} \tag{10.8}$$

となります．

10−4 決定係数（coefficient of determination）

被説明変数 y_i が線形回帰式の $(a + bx_i)$ でどの程度説明できるか。つまり，あてはまりの良さをはかる指標が，決定係数です。

最小二乗法で a, b を求めると，常に次式が成り立つことが知られています。

$$\sum_{i=1}^{n}(y_i - \bar{y})^2 = \sum_{i=1}^{n}(\hat{y}_i - \bar{y})^2 + \sum_{i=1}^{n}e_i^2 \qquad (10.9)$$

（全変動） ＝ （回帰式で説明される変動）＋（回帰式で説明されない変動）

| 「データ y」と「y の平均」との距離の2乗和 | 「y の予測値」と「y の平均」との距離の2乗和 | 「データ y」と「y の予測値」との距離の2乗和（残差平方和） |

この性質を利用して，「全変動」のうち「回帰式で説明される変動」の割合を求めたものが決定係数です。すなわち，

$$R^2 = \frac{\sum_{i=1}^{n}(\hat{y}_i - \bar{y})^2}{\sum_{i=1}^{n}(y_i - \bar{y})^2} = 1 - \frac{\sum_{i=1}^{n}e_i^2}{\sum_{i=1}^{n}(y_i - \bar{y})^2} \qquad 0 \leq R^2 \leq 1 \qquad (10.10)$$

となります。R^2 が1に近いほど，あてはまりが良いと判断します。残差平方和が0のとき，すなわち，回帰直線上にすべてのプロット点が並び，残差が全くないときに，決定係数は1になります。逆に，0に近いほど，あてはまりが悪いと判断します。

また，(10.4)の線形回帰式では，決定係数は被説明変数と説明変数の相関係数の2乗の値となることが知られています。

10−5 回帰係数（regression coefficient）と決定係数の計算例

それでは，簡単なデータを使って回帰係数を計算してみましょう。

表2は，昨年の大学祭の模擬店4店の，チラシの配布数と集客数のデータです。

表2 模擬店のチラシの配布数と集客数

	チラシの配布数	集客数
お好み笑い	110	120
ホームラン麺	80	150
たこたこす	100	90
クレープS	150	200

「集客数」を被説明変数 y_i,「チラシの配布数」を説明変数 x_i として，表2のデータを線形回帰式にあてはめ，回帰係数を求めてみましょう。回帰係数を求めるために必要な統計値は，x の平均値，y の平均値，x の不偏分散の値，x と y の共分散の値です。表3はそれぞれの統計値を計算過程とともにまとめたものです。

表3 回帰係数の計算

i	x_i	y_i	$x_i-\bar{x}$	$y_i-\bar{y}$	$(x_i-\bar{x})^2$	$(y_i-\bar{y})^2$	$(x_i-\bar{x})(y_i-\bar{y})$
ケース1	110	120	0	-20	0	400	0
ケース2	80	150	-30	10	900	100	-300
ケース3	100	90	-10	-50	100	2500	500
ケース4	150	200	40	60	1600	3600	2400
合計	440	560			2600	6600	2600
除数	4	4			3	3	3
	110	140			866.67	2200	866.67
					29.44	46.90	

平均値　　不偏分散の値　　標準偏差の値　　共分散の値

求める回帰係数は，

$$b = \frac{x と y の共分散}{x の分散} = \frac{866.67}{866.67} = 1$$

$a = y$ の平均値 $- b \times x$ の平均値
　$= 140 - 1 \times 110 = 30$

です。よって，線形回帰式は，

$$y_i = 30 + x_i + e_i$$

となります。

また，決定係数を求めるために必要な計算を表4にまとめました。

表4 決定係数の計算

i	x_i	y_i	$y_i-\bar{y}$	$(y_i-\bar{y})^2$	$\hat{y}$	e_i	e_i^2
ケース1	110	120	-20	400	140	-20	400
ケース2	80	150	10	100	110	40	1600
ケース3	100	90	-50	2500	130	-40	1600
ケース4	150	200	60	3600	180	20	400
合計	440	560	0	6600			4000
除数	4	4					
	110	140					

$R^2 = 1 - (4000 / 6600) \fallingdotseq 0.4$

決定係数は0.4でしたので，このデータの回帰式へのあてはまりはそれほど良くはないという結果です。

ワークシート 10 回帰直線を求め，あてはまりを評価しよう

▶スーパー 5 社の年間売上高と広告費のデータを入手したところ，下表のとおりであった。売上高を被説明変数，広告費を説明変数にして散布図を描き，重ねて回帰直線を描きなさい。また，回帰係数，決定係数を求めなさい。結果を考察しなさい。

スーパー 5 社の年間売上高と広告費

	A	B	C	D	E
売上高	9	8	11	13	9
広告費	5	4	4	6	6

考察：

第11章

データの違いを判断する

KEYWORD
- ●統計的仮説検定
- ●カイ二乗検定
- ●t検定
- ●2種類の誤り

アンケート結果を検証……一部から全体を推し測る

佐々木：商品の容器のことなんだけど，アンケート調査では持ち運びを重視するという結果が出ていたわよね。確かに，その気持ちはわかる。安い発泡スチロールの容器は，あぶなっかしいし。そこで，これなんかどうかしら。アメリカ映画でよく見るわね。商店街の業務用の容器問屋さんで見つけたの。安く譲ってくれるって。

遠藤：この容器なら，出前もいいんじゃないかな。
先生の研究室や，事務職員のオフィスに届ける。

橋田：グッドアイディア！　お昼の時間帯を少し過ぎた客足が落ちる時間帯に配達しよう。

武谷：ところで，私たちの模擬店の商品って，例のアンケート調査の結果から決めたわよね。本当にそれでいいのかな。あの調査結果は1年生の一部の人の回答よ。そのまま信用してもいいのかしら。

佐々木：ターゲットを1年生に絞ったんだもの。問題ないでしょ。

橋田：でも，1年生全員に答えてもらったわけじゃないよね。

佐々木：全員なんて大変じゃない！　あの調査だけでも印刷費がかかったりして，大変だったんだから！

遠藤：じゃあ，検定しみようか。

武谷：検定って何。試験？

遠藤：統計的仮説検定だよ。アンケートの回答を標本として，母集団についてもいえるかどうか確かめるんだ。

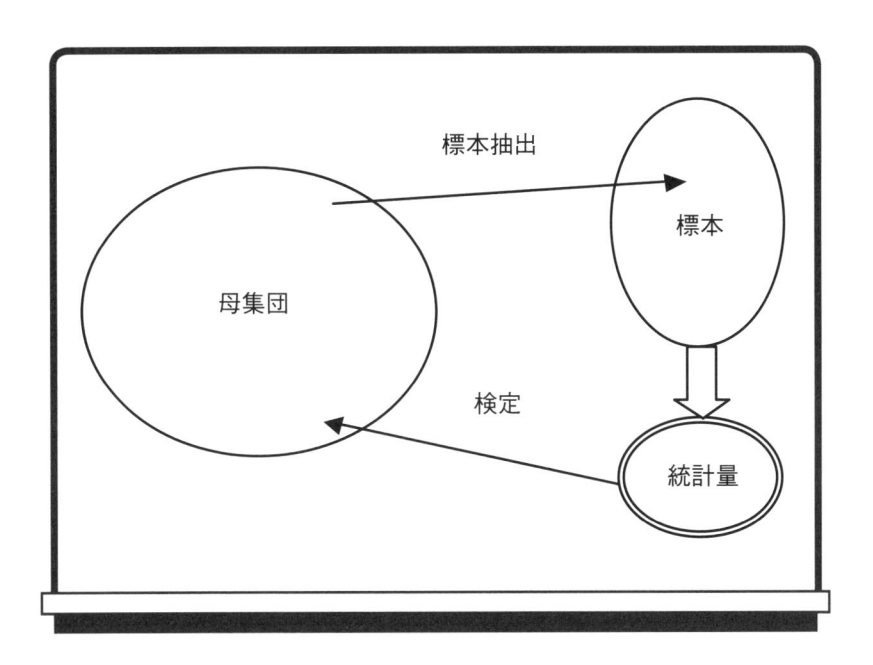

母集団 — 標本抽出 → 標本 → 統計量 — 検定 → 母集団

> 詳細な分析をして新しい発見があったとしても，それは分析に使用したデータからいえることです。一般化できるかどうかを判断するために，統計的仮説検定を使用し，分析結果の信憑性を確かめましょう。

11-1 統計的仮説検定(test)の考え方

前章までは，得られたデータを整理・加工して，その結果から様々な知見を得る手法を学習しました。この手法は記述統計的分析と呼ばれています。ところが，アンケート調査は回答してもらった限られた人の意識や行動を知ることができますが，すべての人の意識や行動を知ることは時間的にも費用的にもほぼ不可能です。

そこで，得られるデータを部分(標本)としてとらえ，そのデータを加工して，全体(母集団)についてもいえるかどうかを判断する手法が一般に用いられています。この手法は推測統計的分析と呼ばれています。推測統計的分析手法は，大きく分けて，(1)推定，(2)統計的仮説検定の2つの手法があります。これらの手法の理論的な背景を理解するためには，確率や確率変数，確率分布などの概念を学習する必要がありますが，それは他書にゆだね，本書では，アンケート調査等で特に頻繁に使われる統計的仮説検定の使い方を中心に解説します。

具体的な説明に入る前に，統計的仮説検定の考え方をはじめに把握しておきましょう。

統計的仮説検定は，2つの仮説を立てて，いずれが正しいのかを判断する方法です。たとえば，「AとBが等しいか異なるか」を判断しなければならないとしましょう。

1) まず，①「AとBは同じ」という帰無仮説と，②「AとBは異なる」という対立仮説を立てる。
2) 次に，①が正しいという仮定のもとで，検定に使う統計値を求める。
3) 本当に①が正しいときに，その値が実現しやすい値であれば①が正しいと判断し，実現しにくい値であれば②が正しいと判断する。

統計的仮説検定の考え方は，少々回りくどいと思われるかもしれませんが，とても論理的な構造になっています。また，ほとんどの統計的仮説検定はすべて同様の考え方ですので，一つマスターすれば，他の検定にも応用できます。ただし，検定に使う統計値とは，標本から計算するもので，検定の種類

によって使用する統計値が異なるので注意しましょう。

11-2 Excel によるカイ二乗検定

クロス集計に関する検定はカイ二乗検定です。例として、「生活やイベントに関するアンケート」調査の中の男女別居住形態を使ってみましょう。表1は男女別居住形態の観測値です。

表1　観測度数(性別×居住形態)

性別	居住形態		全体
	自宅	自宅外	
男性	34	21	55
女性	18	30	48
全体	52	51	103

※自宅外は、下宿とその他の人数の合計

データからは男性は自宅生が多く、女性は自宅外が多いように見えますが、本当に「居住形態が男女別に異なる」と統計的にいえるでしょうか。

実際にExcelを使って検定しましょう。まず、表1をExcelに入力しましょう。

(1) 仮説をたてる

まず、次の2つの仮説を立てましょう。

帰無仮説 H_0：居住形態に男女間の違いはない。
対立仮説 H_1：居住形態に男女間の違いがある。

(2) 検定の実施

この検定ではカイ二乗統計量を使用します。そのために、期待度数を計算する必要があります。入力した表1の下に表2を作成し、期待度数を求めましょう。

表2 期待度数の計算(性別×居住形態)

性別	居住形態		総計
	自宅	自宅外	
男性	52 × 55 ÷ 103 = 27.7670	51 × 55 ÷ 103 = 27.2330	55
女性	52 × 48 ÷ 103 = 24.2330	51 × 48 ÷ 103 = 23.7670	48
総計	52	51	103

期待度数は,「性別」と「居住形態」の間に全く関係がないとき,すなわち,帰無仮説が正しいときの理論的な度数です。男女ともに,自宅:自宅外 = 52:51 になっています。また,いずれの居住形態も男:女 = 55:48 になるように計算されています。

カイ二乗値は,すべてのセルについて,

$$\frac{(観測度数 - 期待度数)^2}{期待度数}$$

を求め,合計したものです。実際に計算してみると 6.0636 になります。この値が0に近いほど,観測度数と期待度数の差がなくなり,2つの変数の関係はなくなります。

さて,検定はカイ二乗値を求めることなく実施することが可能です。適当なセルに, = CHITEST(実測度数のセル範囲, 期待度数のセル範囲)を入力すると,**カイ二乗統計値よりも大きい値が実現する確率**が表示されます。この確率をpで表現し,次のように判断します。

> $p < 0.01$ であれば,有意水準1%で H_0 を棄却。
> $p < 0.05$ であれば,有意水準5%で H_0 を棄却。
> $p \geq 0.05$ であれば,H_0 を棄却できない。

このデータの例は p = 0.0138 となり,有意水準5%で $\underline{H_0 \text{を棄却すること}}$ $\underline{\text{ができました}}$。この 0.0138 の意味は,"本当は帰無仮説 H_0 が正しいという可能性もまだわずかにありますよ。帰無仮説が正しい場合には,1.38%の確率でカイ二乗値が 6.0636 より大きな値をとる可能性がありますよ" という

ことです。しかし，統計的仮説検定の「有意水準5%で帰無仮説を棄却する」という考え方は，そのようなわずかな可能性を支持せずに，そもそも帰無仮説が誤りであり，対立仮説が正しいと判断しましょうということです。

(3)結論

検定の結果，有意水準5%でH_0を棄却することができましたので，「統計的に居住形態については男女間の違いがある」と結論づけることができました。もし，H_0を棄却できない場合は，「統計的に，居住形態について男女間の違いがあるとはいえない」と結論づけることになります。

11-3 Excelによるt検定

第7章では，「生活やイベントに関するアンケート」調査結果q10_Aのお祭りなどの屋台で使う金額(総額)について，男女間の平均値を比較しました。ここでは，男性，女性それぞれの使用金額の母集団について，平均に差があるかどうかを検定してみましょう。以下では，母集団の平均を母平均と呼びます。

使用するデータは，第7章の7-2節で加工したものを使います。

(1)仮説を立てる

仮説は次のとおりです。

　　帰無仮説 H_0：母平均に差がない。
　　対立仮説 H_1：母平均に差がある。

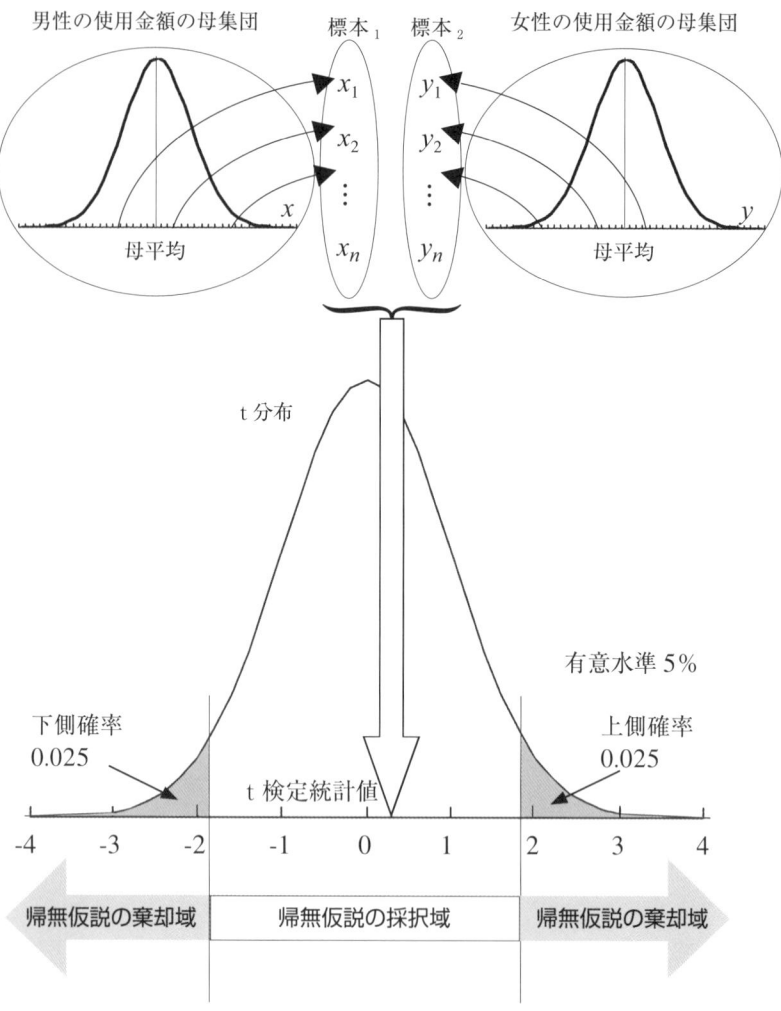

図1 t検定の概要

(2) 検定の実施

この検定では，t検定統計値を使いますが，データ分析の分析ツール「t検定」を利用すれば，簡単に結果が表示されます。まず，加工したq10_Aのデータを入力しているシートをアクティブにして，図2のとおり，「t検定ツール」を選択します。

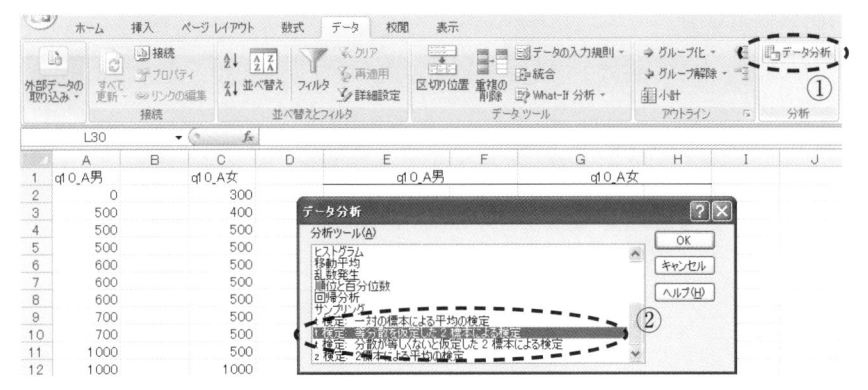

図2　t検定ツールの選択

①［データ］タブのデータ分析をクリックして分析ツールを起動する。
②メニューから，「t検定：等分散を仮定した2標本による検定」を選択して，［OK］をクリックする。

次に，「t検定：等分散を仮定した2標本による検定」画面で，以下の通り設定し，［OK］をクリックします。

①変数1の入力範囲：男子のデータ部分（見出しも含める）
②変数2の入力範囲：女子のデータ部分（見出しも含める）
③仮説平均との差異：0

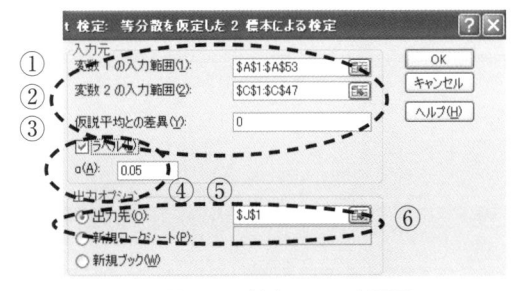

図3　t検定　ツール画面

④ラベル：チェックマークを入れる。
⑤α：有意水準を入力（通常，0.05もしくは0.01）。この例では，0.05。
⑥出力オプション：出力先を指定（例えば，$J$1）。

第11章　データの違いを判断する　141

(3) 結果の見方

結果は，表3の書式で出力されます。

表3　t検定：等分散を仮定した2標本による検定

	q10_A 男	q10_A 女
平均	1478.8462	1645.6522
分散	676994.72	1181647.3
観測数	52	46
プールされた分散	913550.64	
仮説平均との差異	0	
自由度	96	
t	-0.86221	
P(T<=t) 片側	0.1953604	
t 境界値 片側	1.6608814	
P(T<=t) 両側	0.3907208	
t 境界値 両側	1.9849843	

（-0.86221 を囲って「t 検定統計値」と注記，0.3907208 を囲って示している）

t検定統計量の値もさることながら，特に，注目してほしいのは「P(T<=t) 両側」です。この値で次の通り判断します。

> P(T<=t) 両側 < 0.01 であれば，有意水準1%で H_0 を棄却。
> P(T<=t) 両側 < 0.05 であれば，有意水準5%で H_0 を棄却。
> P(T<=t) 両側 ≧ 0.05 であれば，H_0 を棄却できない。

この例では，P(T<=t) 両側 = 0.3907 であり，有意水準5%で H_0 を棄却できません。

(4) 結論

H_0 を棄却できれば，「統計的に母平均に差があるといえる」と結論づけます。一方，H_0 を棄却できなければ，「統計的に母平均に差があるとはいえない」と結論づけます。この例では，H_0 を棄却できませんでしたので，「統計的には，屋台で使う金額に男女間の差があるとは判断できない」と結論づ

けられました。

なお，一般的には，両母集団の分散が等しいかどうかの検定（等分散検定）を実施してから，母平均の検定を行います。

11-4 Excel による回帰係数の t 検定

第 10 章では，回帰直線の描画を通して回帰係数 a，b の算出方法を解説しました。回帰係数はデータさえ与えられれば算出することが可能です。そこで，本節では Excel の分析ツールを用いて，算出された回帰係数に意味があるのかどうかを検定する方法について説明します。

ここでは，10-2 節で使用したデータを使います。

(1) 回帰モデルを設定する

回帰モデルを以下の通り，設定します。第 10 章は実際に得られるデータの関係を表しましたが，ここでは根底にある理論的な関係を表現しています。

〈モデル〉　販売費の値が大きくなれば，売上高の値も大きくなる

u_i → 売上高 y_i ← 販売費 x_i

〈線形回帰モデル〉

$$y_i = \alpha + \beta x_i + u_i \quad i = 1, \cdots\cdots, n$$

　y_i：被説明変数＝売上高

　x_i：説明変数＝販売費

　u_i：誤差項（通常，いくつかの仮定が設定されますが，省略）

　α，β：回帰係数の未知母数（「パラメータ」ともいう。i にかかわらず一定）

(2) 仮説を立てる（α についても同様）

帰無仮説 H_0：$\beta = 0$

対立仮説 H_1：$\beta \neq 0$

(3) Excel の分析ツールによる回帰分析の実施

はじめに,図4のとおり「回帰分析」ツールを選択します。

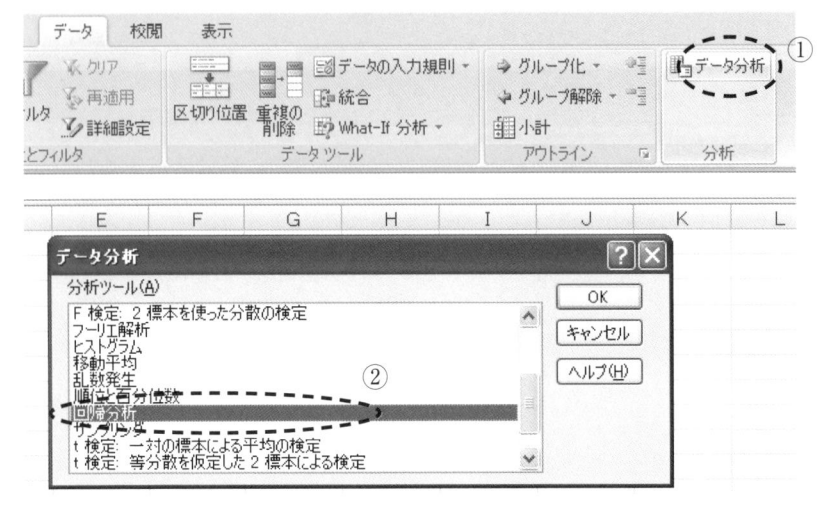

図4　回帰分析ツールの選択

① [データ] タブの [データ分析] をクリックして,分析ツールを起動する。
② メニューから「回帰分析」を選択して [OK] をクリックする。

「回帰分析」ツール画面で,次のとおり設定して [OK] をクリックします。

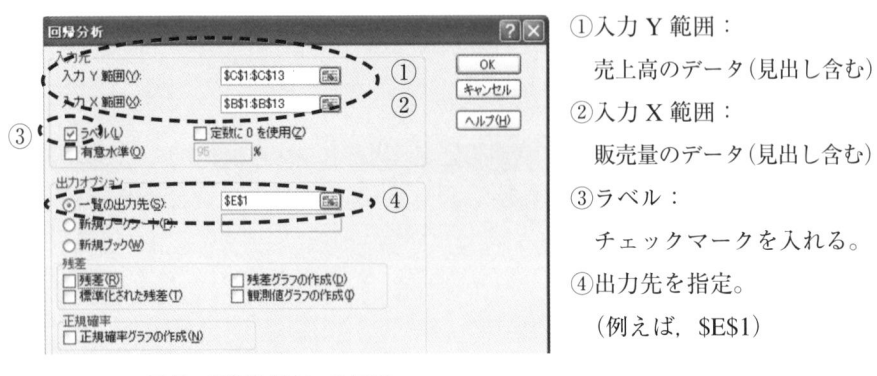

① 入力 Y 範囲:
　売上高のデータ(見出し含む)
② 入力 X 範囲:
　販売量のデータ(見出し含む)
③ ラベル:
　チェックマークを入れる。
④ 出力先を指定。
　(例えば,$E$1)

図5　回帰分析ツール画面

その結果,表4のとおり出力されます。

表4　回帰分析ツールの結果（抜粋）

回帰統計	
重相関 R	0.982797
重決定 R2	0.965889
補正 R2	0.962478
標準誤差	51973.57
観測数	12

決定係数 ← 重決定 R2 0.965889

［モデルのあてはまりの良さを見る指標。1に近いほどモデルのあてはまりが良く，0に近いほどモデルのあてはまりが悪い。］

分散分析表

	自由度	変動	分散	観測された分散比	有意 F
回帰	1	※7.65E+11	7.65E+11	283.1639	※1.15E-08
残差	10	2.7E+10	2.7E+09		
合計	11	7.92E+11			

※7.65E+11=7.65×10^{11}，1.15E-8=1.15×10^{-8}

	係数	標準誤差	t	P-値	下限95%	上限95%
切片	45240.05	22210.48	2.036878	0.069007	-4247.99	94728.09
販売費	3.455442	0.205345	16.82748	1.15E-08	2.997905	3.91298

α，β の推定値

［p.125 の回帰係数 a，b の値と同じになる。x が1増加すると y が3.45増加する。］

P-値

［この例では，β の推定値は有意。α の推定値は有意水準5%で有意でない。］

(4) 結果の見方

以下の通り，評価します。

・P-値＜0.01 ならば，有意水準1% で H_0：$\beta=0$ を棄却。(H_1：$\beta \neq 0$ を採択)
・P-値＜0.05 ならば，有意水準5% で H_0：$\beta=0$ を棄却。(H_1：$\beta \neq 0$ を採択)
・P-値≧0.05 ならば，有意水準5% で H_0：$\beta=0$ を棄却できない。(H_0：$\beta=0$ を採択)

よって，このデータでは，β については有意水準1% で帰無仮説を棄却できますが，α については有意水準5% で棄却できません。

(5) 結論

以下の通り，結論を導きます。
- H_0 が棄却されたときは「β の推定値(すなわち回帰係数 b)は統計的に有意である」といいます。一方，
- H_0 が棄却されないときは「β の推定値は統計的に有意でない」といいます。

このデータでは，β の推定値は統計的に有意でしたが，α の推定値は統計的に有意ではないという結論です。

11-5 ▶ 検定における2種類の誤り

統計的仮説検定には，常に2種類の誤りが存在することを覚えておきましょう。帰無仮説が真であるときに，帰無仮説を採択するのは問題ありませんし，対立仮説が真であるときに，帰無仮説を棄却するのも問題なく，望ましい状況です。

ところが，帰無仮説が真であるのにも関わらず，帰無仮説を棄却してしまう誤りが生じます。この誤りを第1種の誤りといいます。第1種の誤りを犯す確率は有意水準そのものであり，危険率と呼ぶこともあります。

一方，対立仮説が真であるのにもかかわらず，帰無仮説を採択してしまう誤りがあります。この誤りを第2種の誤りと呼びます。この2種類の誤りは常にトレードオフの関係にあり，第1種の誤りを犯す確率を減らすために，有意水準を5%から1%に変更すると，第2種の誤りを犯す確率が増えてしまいます。厳しい検定が望ましいだろうと，単純に有意水準を下げればよいというものではないことを認識しておく必要があります。

表4 統計的仮説検定の2種類の誤り

		判断	
		帰無仮説を採択	帰無仮説を棄却
真の状態	帰無仮説が真	正しい判断○	第1種の誤り
	対立仮説が真	第2種の誤り	正しい判断○

損益分岐点の話

　利益を上げるには，どれだけ売ればいいのか知る必要があります。そういう時に，損益分岐点売上高を計算することで，目標販売数を見込むことができます。
　損益分岐点売上高の計算は，変動比率を計算します。

変動費率 ＝ 変動費 ÷ 売上高

そして，その上で次の式で算出します。

損益分岐点売上高 ＝ 固定費 ÷（1 － 変動比率）

ここで，固定費とは売上高に関係なく必要になる費用で，家賃，レンタル費用，正社員の賃金などです。また，変動費は材料費，外注費など，売上高に応じて変動する費用です。
　利益をどの程度得たいかという目標利益を設定することによって，必要売上高を計算することができます。

必要売上高 ＝（固定費 ＋ 目標利益）÷（1 － 変動比率）

　たとえば，250 円の天ぷらうどんで売上トップになったサッカー部の模擬店ヘキサゴンヌードルについて考えてみましょう。固定費は調理器具レンタル料が該当するでしょう。これを 3 日間で 10,000 円とします。変動費は，うどん 40 円，天ぷら 30 円，ネギ 5 円，つゆ 5 円とした場合，合計 80 円になります。変動費率は，80 円 ÷ 250 円 ＝ 0.32 となります。損益分岐点売上高は，10,000 ÷（1 － 0.32）＝ 14,706 になります。天ぷらうどんの 1 杯の値段が 250 円ですから，14,706 ÷ 250 ＝ 58.8。つまり，約 59 杯売れば元が取れる計算です。
　サッカー部は模擬店の利益から，新しいユニホームの購入代金 50 万円のうち 5 万円を充てたいと考えています。これを目標利益として上式にあてはめると，必要売上高は，(10,000 ＋ 50,000)÷（1 － 0.32）＝ 88,235 円です。すると約 353 杯売らなければなりません。蓮浦大学の学園祭は，3 日間あるので 1 日当たり 118 杯。昼のかき入れ時に, 70 杯を売るとして，夕方に 30 杯。さらに，教職員へのケータリングサービスで，20 杯ほど売れば目標は達成できますね。

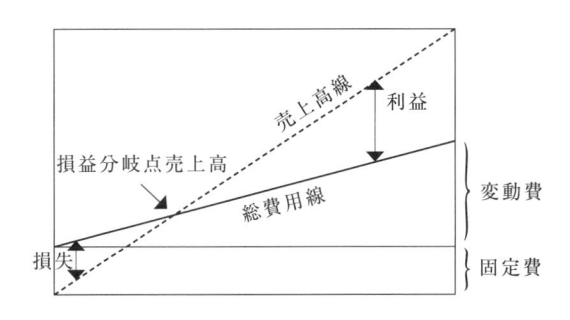

ワークシート11 回帰分析の結果を整理しよう

▶ある会社の「売上高」を y_i,「販売費」を x_i として,線形回帰モデルにあてはめ,Excel の分析ツールを用いて回帰分析を実施しました。表 a はその結果です。次の各問に答えなさい。

線形回帰モデル: $y_i = \alpha + \beta x_i + u_i$,　　$i=1, 2, ..., n$

表 a : 回帰分析の結果(抜粋)

回帰統計	
重相関 R	0.828446
重決定 R2	0.686323
補正 R2	0.662194
標準誤差	73156.25
観測数	15

分散分析表

	自由度	変動	分散	観測された分散比	有意 F
回帰	1	1.52E+11	1.52E+11	28.44392	0.000136
残差	13	6.96E+10	5.35E+09		
合計	14	2.22E+11			

	係数	標準誤差	t	P-値	下限 95%
切片	78389.89	56408.54	1.389681	0.187967	-43473.3
販売費	7.624305	1.42957	5.333284	0.000136	4.535907

(1) α, β の推定値はそれぞれいくらでしょうか。

(2) α, β の推定値は有意でしょうか。

(3)「販売費」が百万円上昇すると,「売上高」は何百万円上昇すると推定されるでしょうか。

(4) このモデルの決定係数はいくらでしょうか。

(5) このモデルのあてはまりの良さについて評価してみましょう。

総合課題　1

模擬店のプランを作成しよう

データ分析に基づいた計画の立案

> 本書専用ウェブサイト(http://www.9640.jp/toukei)「生活やイベントに関するアンケート」のデータを分析して，あなたのオリジナル模擬店プランを作成してみよう。

STEP1 ターゲットを決める

ターゲットを決めてください。データは，1年生のデータのみですので，1年生の中で，さらに細かく分類することは可能ですね。

STEP2 4Pを考える：データ分析からターゲットのニーズを考える

① ターゲットにとって魅力ある商品(Product)を決める。1つとは限りません。商品のラインアップがあってもいいかもしれませんね。メニュー作りをしましょう。
② 価格(Price)を決める。利益がでるような想定をしてください。
③ 広告・宣伝(Promotion)の方法を決める。チラシだけとは限りません。表現も考えて。
④ 販売方法(Place)を決める。模擬店の他にもアイディアを考えてみましょう。

STEP3 付加価値を考える

他の模擬店舗，競合店舗と差別化をするために，店舗の魅力を強化する付加価値になるような商品の工夫や販売上のサービスなどを考えてみてください。店舗のインテリアにも配慮が必要かもしれませんね。

※ここまでは，アンケートデータ分析に基づいて組み立てることがポイントです。客観的なデータにもとづくことで，説得力のある(＝納得できる)店舗コンセプト，店舗のネーミングを創造することが可能となります。

STEP4 店舗のコンセプトを考える

STEP1〜STEP3を総合して，お店のコンセプトを考えてみてください。ちなみに，同じ牛丼店でも吉野家は「うまい・はやい・やすい」，松屋は「みんなの食卓でありたい」(いずれもHP参照)。

STEP5 お店の名前を考える

コンセプトにふさわしいネーミング。たとえば，すかいらーくグループの店舗すかいらーく(ファミリーレストラン)，バーミヤン(中華レストラン)，夢庵(和風レストラン)，カーニバルブッフェ(バイキングレストラン)。

STEP6 プレゼンテーション

さあ，みんなにプレゼンテーションを行いましょう。

■オリジナル模擬店プランの要旨

ターゲット	
コンセプト	
店舗名	
☆商品(メニュー)	
☆価格	
☆販売方法	
☆宣伝方法	

☆印は，データの裏付けを加えましょう。

■プレゼンテーションの手順

1. ターゲット，店舗名，コンセプト(詳しい説明をしないでよい)。
2. ターゲットの分析から説明。4Pについて説明する。
   データをグラフ化などの工夫があるとよいでしょう。
   1)商品(メニュー)，2)価格，3)販売方法，4)宣伝方法　の順で説明。
3. もう一度，ターゲット，コンセプト，店舗名を説明する。
   スライドには，イメージできるような写真やイラストがあると説得力がアップします。HPから画像を入手したり，雑誌の写真をコラージュしたり，手書きのイラストをスキャンする方法もあります。

データ分析に基づいた計画の立案

生活やイベントに関する
アンケート

生活やイベントに関するアンケート

ご協力のお願い

　本アンケートは，学生の皆さんの日ごろの生活やイベントについての考え方等をお聞きし，今後の学内イベント等の方向性についての基礎資料として活用するものです。アンケートは無記名で実施いたします。したがって，個人名を特定することはありませんので，安心しておこたえ下さい。

【企画・連絡先　旅行サークル・フィールド＆ワンダー】

■まず，最初にあなたの日頃の生活についておうかがいします。

Q1. 次にあげた1～12の項目について，あてはまるものはどれですか。（いくつでも○印）

1. 一年を通して，仲間と楽しんでいる趣味がある
2. 家の中よりも，野外で遊ぶ方が好きだ
3. イベントや祭りなどに参加するのが好きだ
4. 都心や繁華街などで遊ぶことが好だ
5. 多少忙しくても，外に出かけることは苦にならない
6. 趣味や遊びは大勢の友人と一緒にやる方が好きだ
7. 友人から相談されることが多い方だ
8. 遊びでも，しっかり計画をたててやる方が好きだ
9. 買い物するときは，いろいろな情報を集める方だ
10. 知らない人でも，すぐに仲良くなれる方だ
11. いろんなものを少しずつ買ってみるのが好きだ
12. 友人はたくさんいる方だ

■次に，イベントや祭りについておうかがいします。

Q2. あなたは，イベントや祭りにどの程度でかけますか。（1つだけ○印）

1. よく出かける方だと思う	4. あまり出かけない方だと思う
2. 出かける方だと思う	5. 出かけない方だと思う
3. まあ出かける方だと思う	6. 全く出かけない

Q3. あなたは，次にあげたイベントや祭りに参加したことがありますか。（いくつでも○印）

1. 初詣	7. 高校の学園祭
2. 商店街(七夕など)の祝日イベント	8. 地域主催の(神戸祭りなど)イベント
3. 盆踊り	9. 友人とのパーティー
4. クリスマスイベント	10. その他
5. 花火大会　（具体的に　　　　　　　　　　　　　）	
6. 大学の学園祭	

Q4. 次にあげたもののうち，あなたが買ったことがあるものはどれですか。（いくつでも○印）

1. わたあめ	2. りんごあめ	3. ベビーカステラ
4. あんず飴	5. チョコバナナ	6. 鯛焼き
7. お好み焼き	8. 焼きソバ	9. たこ焼き
10. 焼きイカ	11. 焼きもろこし	12. 串カツ
13. じゃがバター	14. 焼き鳥	15. フライドポテト
16. フランクフルト	17. トルネードポテト	18. から揚げ
19. いかてんぷら	20. 牛・豚串焼き	21. その他(　　　)

Q5. 次にあげたもののうち，あなたが今後(も)買ってみたいものはどれですか。（いくつでも○印）

1. わたあめ	2. りんごあめ	3. ベビーカステラ
4. あんず飴	5. チョコバナナ	6. 鯛焼き
7. お好み焼き	8. 焼きソバ	9. たこ焼き
10. 焼きイカ	11. 焼きもろこし	12. 串カツ
13. じゃがバター	14. 焼き鳥	15. フライドポテト
16. フランクフルト	17. トルネードポテト	18. から揚げ
19. いかてんぷら	20. 牛・豚串焼き	21. オム焼きソーセージ
22. 明石風たこ焼き	23. どて焼き	24. クレープ
25. シシカバブ	26. モツ焼き	27. 焼きおにぎり
28. 餃子	29. ミニラーメン	30. その他(　　　)

Q6. そのうち(Q5で○印をしたもの)，最も買いたいものはどれですか。1つだけ選んで番号を記入してください。

最も買いたいのは，……→ [　　　　　]

Q7. 上記以外で，あなたがお祭りなどの屋台で好きな食べ物があれば，下の空欄にお書き下さい。

[　　　　　　　　　　　　　　　　　　　　　　　　　]

また，こんな食べ物があったらいいと思うものがあったら，自由にお書きください。

[　　　　　　　　　　　　　　　　　　　　　　　　　]

Q8. あなたが，お祭りなどで食べ物を購入する際に重視するものは何ですか。(いくつでも○印)

1. 屋台ののぼり	2. 看板やポスター	3. 値段の表記
4. 店の人のかけ声	5. 店の人の態度	6. 価格の安さ
7. 清潔さ	8. イベントや祭りのチラシ	9. 評判のよさ
10. 商品の珍しさ	11. 定番の商品	12. 持ち運びやすさ
13. 人気の高さ	14. その他(　　　　　　)	

Q9. そのうち(Q8で○印をしたもの)最も重視するものは何ですか。1つだけ選んで，番号を記入してください。

最も重視するのは，……→ [　　　　　]

Q10. あなたは，お祭りなどの屋台で食べ物を購入するとき，どのくらいの金額を使いますか。(使わない場合は，0を記入してください。)

A. 全体ではどのくらいですか。　……→　およそ [　　　　　] 円くらい

B. 1食品あたりではどのくらいですか。……→　およそ [　　　　　] 円くらい

Q11. 次にあげた，a～dの商品について，あなたが祭りや縁日などの屋台で購入する場合，どのくらいの金額まで支払ってもよいと思いますか。（それぞれの項目について，1つだけ○印）

	50円～100円未満	100円～150円未満	150円～200円未満	200円～300円
a. 素(す)うどん	1	2	3	4
b. 月見うどん	1	2	3	4
c. 天ぷらうどん	1	2	3	4
d. 肉うどん	1	2	3	4

■最後に，あなた自身についておうかがいします。

F1. あなたの性別は。

1. 男性　　　　2. 女性

F2. あなたのお住まいの形態はどれですか。

1. 自宅　　　2. 下宿　　　3. その他（　　　　　）

F3. あなたの一か月のこづかい（自由に使えるお金）は，どのくらいですか。（1つだけ○印）

1. ～3,000円未満	6. 15,000円～20,000円未満
2. 3,000円～5,000円未満	7. 20,000円～25,000円未満
3. 5,000円～7,000円未満	8. 25,000円～30,000円未満
4. 7,000円～10,000円未満	9. 30,000円～35,000円未満
5. 10,000円～15,000円未満	10. 35,000円以上（　　　　　）

F4. 次にあげた a～l の各項目について，あなたはどの程度あてはまりますか。
（それぞれ，1つだけ○印）

	あてはまる	どちらかといえばあてはまる	どちらでもない	どちらかといえばあてはまらない	あてはまらない
a. 衝動買いをよくする方だ	5	4	3	2	1
b. いろいろな商品の情報に詳しい方だ	5	4	3	2	1
c. ひとつの商品を使い続ける方だ	5	4	3	2	1
d. 新製品はすぐに試してみる方だ	5	4	3	2	1
e. 買う前に値段をよく比較する方だ	5	4	3	2	1
f. 値段が高くても，気に入れば買ってしまう方だ	5	4	3	2	1
g. 計画的な買い物をすることが多い	5	4	3	2	1
h. 自分にとっての「いいもの」は高くても買う方だ	5	4	3	2	1
i. 友人を誘って買い物に行くことが多い	5	4	3	2	1
j. 物を買うときは，どこの国のものかは気にしない	5	4	3	2	1
k. 予定より多く買い物をしてしまうことが多い	5	4	3	2	1
l. バーゲンや安売りがあるとつい買ってしまう	5	4	3	2	1

F5. 次の 1～12 の項目について，あなた自身にあてはまるものはどれですか。
（いくつでも○印）

1. 運動神経がいい	7. 手ざわりや肌ざわりで，物のよしあしがわかる
2. 色やデザインのセンスがいい	8. 何がはやるか予感できる
3. いい音が聞き分けられる	9. 知らない人の集まりでもすぐ友人ができる
4. リズム感がある	10. ナンセンスやユーモアがわかる
5. 微妙な味の違いがわかる	11. 何時間でも空想にひたっていられる
6. においに対して敏感	12. 既存の商品を自分なりに作りかえたりするのが得意

ご協力ありがとうございました。

総合課題 2

企業・ブランドイメージ調査をしよう

アンケート調査で得られたオリジナル・データの分析

> Ⅰ．調査票，Ⅱ．回答用紙，Ⅲ．調査実施，Ⅳ．入力，Ⅴ．分析

<Ⅰ．調査票> --
1. アンケートは，調査票を作成し，異なる回答者に回答してもらう方式で行います(今回は時間の都合上20名)。巻末の付録「調査票」を切り取るか，本書専用ウェブサイト(http://www.9640.jp/toukei)の「企業イメージ調査＝調査票のファイル」を利用してください。企業名とイメージ項目を入力し，印刷して利用してください。
   ＊回答者を増やしても結構です。多い方がよいでしょう。
2. 今回は，「企業(ブランド)イメージ調査」を行います。したがって，主要なアンケートのフォーマットはあらかじめ設定されています。
3. まず，質問のQ1，Q3，Q5の項目の空欄に，比較したい会社名(ブランド名)を3社(3ブランド)，記入してください。
   ＊同じ業種の会社や同じカテゴリーのブランドにするように注意してください。
   ＊後述する10.を参考にしてください。
4. 次に，Q2，Q4，Q6の質問には，取り上げた会社(ブランド)を調査するにふさわしいイメージ(評価)を9項目記入してください。
   注意1：Q2，Q4，Q6は同じ項目です
   ＊イメージ項目は11.の見本項目を参考にしてください。

<Ⅱ．回答用紙> --
5. 今回は，回答用紙は別に作成します。回答用紙は左端には，あらかじめ回答者の番号が1〜20まで記入されています。
6. 巻末の付録「回答用紙」(4枚：ホッチキスなどで留めてください)切り取って利用するか，本書専用ウェブサイトの「企業イメージ調査＝回答用紙」の回答用紙シートにイメージ項目を入力し，印刷(2枚)して利用してください。
7. ＜サンプル番号，Q1A〜Q4−9＞と＜サンプル番号，Q5A〜F5＞の2分割になります。

<Ⅲ．調査実施> --
8. 調査票と回答用紙を，回答者に渡して，質問に答えてもらってください。
9. 1番目の人には，サンプル番号「1」の行に回答を記入してもらう。2番目の人

には「2」の行。
（例）

サンプル番号	それぞれ1か2の数字を記入してください				当てはまる番号に○印をつけてください（いくつでも）								
	Q1 A 名前だけは知っている	Q1 B 商品やサービスの内容を詳しく知っている	Q1 C 商品やサービスを購入（利用）したい	Q1 D 「好きだ」と思う	Q2 -1	Q2 -2	Q2 -3	Q2 -4	Q2 -5	Q2 -6	Q2 -7	Q2 -8	Q2 -9
1	1	1	2	2	1	2	3	4	5	6	7	8	9
2	1	1	1	2	1	2	3	4	5	6	7	8	9
3	1	2	2	2	1	2	3	4	5	6	7	8	9

10. 会社名やブランド名の選択について＝参考例

身近な携帯電話やゲームの会社・ブランドをまず思い浮かべる人が多いかも知れませんが，ある程度一般的にみて回答者が知っていて，かつオリジナリティのある会社名やブランドを選択しましょう。

【例】 会社名：デパート，鉄道会社，ファーストフード，カフェ，銀行，カード会社，出版社，ゲーム開発会社，ファミリーレストラン，スーパー，テーマパーク，自動車会社，量販店……

ブランド名：化粧品，雑誌，ファッション，バイク，ゲームソフト，インスタントコーヒー，デジカメ，バイク，飲料(お茶，ジュース)……

11. イメージ項目の参考例 （あくまでも参考＝分析するときのことをよく考えて）
＜評価に近いイメージ＞

【製造業】

技術のよい，研究開発力がある，新製品開発に熱心な，顧客・サービスが充実している，宣伝広告が上手な，販売網が充実している，海外競争力のある，将来性のある，積極性のある，時流にのった，清潔な，先進的な，社風の良い，親しみやすい，信頼性のある，安定性のある，伝統のある，規模の大きい，経営者がすぐれている，消費者問題の真剣な，環境問題に積極的な，社会に貢献している……

【小売業やサービス業】
従業員が親切な，入りやすい，挨拶がていねいな，新鮮な品物が多い，清掃が行き届いている……
＜形容詞＞
あたたかい，さわやかな，新鮮な　清潔な，かがやかしい，冷たい感じがする，若々しい，落ちついた，豪華な，正確な，自然な……

＜Ⅳ．入力：Excel＞ --
12. Excel に回答用紙と同じ形式のフォーマットを作成する。本書専用ウェブサイトの「企業イメージ調査＝入力フォーマット」ファイルを利用してください。
13. Q1A～Q1D は，記入された数字を入力する。（Q3A～Q3D，Q5A～Q5D 同様）
14. Q2-1～Q2-9 の入力形式は次の通り入力する。（Q4-1～Q4-9，Q6-1～Q6-9 同様）
　　1)　○がついた数字は，1 を入力する。
　　2)　○がついてない数字は，0(ゼロ)を入力する。

（入力例）

SNO	1か2の数字を入力				1か0を入力								
	Q1A	Q1B	Q1C	Q1D	Q2-1	Q2-2	Q2-3	Q2-4	Q2-5	Q2-6	Q2-7	Q2-8	Q2-9
1	1	1	2	2	1	1	0	0	0	0	1	0	1
2	1	1	1	2	0	1	1	1	0	1	0	0	0
3													

＜Ⅴ．分析＞ --
　テキストの第 4 章の複数回答方式のデータの集計，第 5 章のクロス集計を参考にして分析してみてください。
＜その他：レポート作成の注意点＞
1. 調査の概要(調査時期，調査対象者，調査方法，回答者数)を明記する。
2. 回答者の特性(性別の割合，年齢分布など)を記載する。
3. 「グラフ化する」「大きい順に並べる」などわかりやすさに配慮する。
4. 冒頭に要約を 200 字程度で記載するとよい。
5. 単位(%など)，参考文献・資料などを明記する。

> 巻末の調査票の使用の場合どちらかに○印を。

企業・ブランドイメージ調査 見本

> 企業名を下線のところに記入しよう。Q3, Q5も同様に。

■最初に，＿ソニー＿について，おたずねします。

Q1. ＿ソニー＿についてA～Dの質問にお答えください。（それぞれ1つだけ○印）

A. 名前だけは知っている	1. はい　2. いいえ
B. 商品やサービスの内容を詳しく知っている	1. はい　2. いいえ
C. 商品やサービスを購入（利用）したい	1. はい　2. いいえ
D. 「好きだ」と思う	1. はい　2. いいえ

Q2. 次にあげた1～9のイメージや評価項目に当てはまるのはどれですか。（いくつでも○印）

1. 先進的な	2. 信頼できる	3. 伝統のある
4. 宣伝広告が上手	5. センスのよい	6. 技術力がある
7. 社風のよい	8. 新製品開発に熱心	9. 環境問題に熱心

> 9項目のイメージ項目を記入しよう。
> （注意）Q4, Q6は同じ項目を記入すること

■次に，＿パナソニック＿について，おたずねします。

Q3. ＿パナソニック＿についてAからDの質問にお答えください。（それぞれ1つだけ○印）

A. 名前だけは知っている	1. はい　2. いいえ
B. 商品やサービスの内容を詳しく知っている	1. はい　2. いいえ
C. 商品やサービスを購入（利用）したい	1. はい　2. いいえ
D. 「好きだ」と思う	1. はい　2. いいえ

Q4. 次にあげた1～9のイメージや評価項目に当てはまるのはどれですか。（いくつでも○印）

1. 先進的な	2. 信頼できる	3. 伝統のある
4. 宣伝広告が上手	5. センスのよい	6. 技術力がある
7. 社風のよい	8. 新製品開発に熱心	9. 環境問題に熱心

総合課題2

アンケート調査で得られたオリジナル・データの分析

■次に，<u>シャープ</u>について，おたずねします。

Q5. <u>シャープ</u>についてAからDの質問にお答えください。
（それぞれ1つだけ○印）

A. 名前だけは知っている	1. はい　2. いいえ
B. 商品やサービスの内容を詳しく知っている	1. はい　2. いいえ
C. 商品やサービスを購入（利用）したい	1. はい　2. いいえ
D. 「好きだ」と思う	1. はい　2. いいえ

Q6. 次にあげた1〜9のイメージや評価項目に当てはまるのはどれですか。
（いくつでも○印）

1. 先進的な	2. 信頼できる	3. 伝統のある
4. 宣伝広告が上手	5. センスのよい	6. 技術力がある
7. 社風のよい	8. 新製品開発に熱心	9. 環境問題に熱心

■最後にあなた自身についてお聞きします。

F1. あなたの性別は。
　　1. 男　　　2. 女

F2. あなたの年齢は。

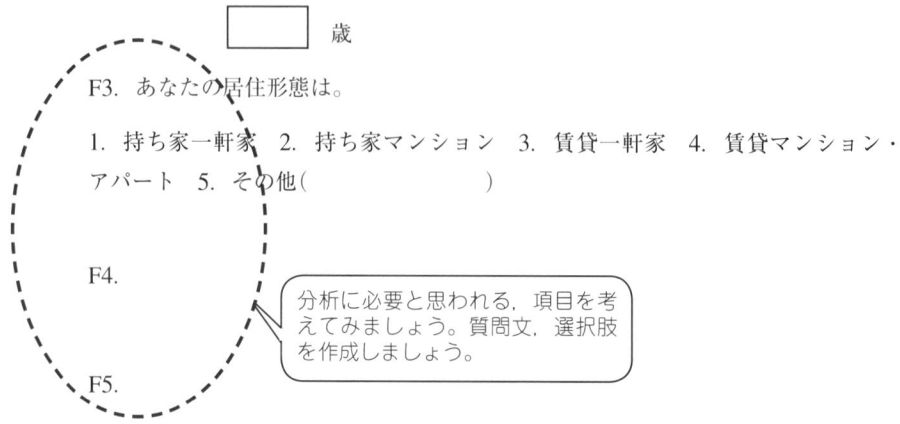

　　　　　□歳

F3. あなたの居住形態は。

1. 持ち家一軒家　2. 持ち家マンション　3. 賃貸一軒家　4. 賃貸マンション・アパート　5. その他（　　　　　）

F4.

　　　　　　　　　分析に必要と思われる，項目を考
　　　　　　　　　えてみましょう。質問文，選択肢
　　　　　　　　　を作成しましょう。

F5.

　　　　　　　　　　　　　　　　ご協力ありがとうございました。

参考文献

統計の基礎

新・涙なしの統計学　デレク・ロウントリー著(加納悟訳)　新世社　2001年

　なるべく記号や難解な数式をなくして，統計学のエッセンスが学べる入門テキスト。本書の「はじめに」には，次のような記述がある。「この本がこれまでの本といかに異なるかは，そのタイトルとして私が考えたものをみてもらえばわかると思う。」として，いくつかのタイトルがあげてある。そこには，"計算なしの統計学"，"言葉と絵による統計学"，"いかに統計学的に考えるか"などである。多くを語るより，本書の内容がイメージできると思う。

統計的思考

統計でウソをつく法　ダレル・ハフ著(高木秀玄訳)　講談社　1968年

　1968年に発行されて，81刷を重ねるほど読み継がれている名著。はしがきに，「だまされないために，だます方法を知ることのすすめ」とある。私たちが目にする膨大な統計数字やグラフなどを別の角度，いわば裏側から角度からみた視点で解説している。したがって，とても興味深い内容になっており，読み物としても秀逸である。

統計という名のウソ　ジョエル・ベスト著(林大訳)　白揚社　2007年

　データの扱い方，統計からわかること わからないこと，統計の落とし穴，などについて，抜け落ちている数字，混乱を招く数字，恐ろしい数字，権威ある数字……といった視点で，具体的な事例に基づいて解説している。『統計でウソをつく法』と同様，やさしく，おもしろく書かれている。

社会人向け

統計学　グローバルタスクフォース(株)著　総合法令　2005年

　通勤大学MBAシリーズの中の1冊。新書版にまとめているので，通勤でも片手で読める。内容も，解説に図をふんだん使ってコンパクトに理解しやすくまとめてある。

考える技術としての統計学　飯田泰之著　日本放送協会　2007年

　統計をどのように日頃の生活や仕事に生かすかという視点に重心を置いて書かれている。統計学的発想を，意思決定や予測に使う方法などが事例をまじえて書かれている。

現場で使える統計学　豊田裕貴著　阪急コミュニケーションズ　2006年
　リサーチ会社やシンクタンクでの経験が生かされた，実践的で合理的な視点で書かれている。統計が苦手なビジネスマンでも読みやすい入門書。

Excelによる統計学

Excelでここまでできる統計解析　今里健一郎，森田浩著　日本規格協会　2007年
　重回帰分析，分散分析，検定と推定などについて，Excelでの統計処理の方法が詳しく紹介されている。

マーケティング関連

ビジュアル　マーケティングの基礎＜第2版＞　野口智雄著　日本経済新聞社（日経文庫）2005年
　マーケティングの基本的な概念や考え方が，図解やイラストでわかりやすく解説されている。

ベーシック　マーケティング入門＜第4版＞　相原修著　日本経済新聞社（日経文庫）2007年
　4Pなど基本的なマーケティングに関係する知識から最新の概念まで，平易に解説された入門書。

リサーチ関連

アンケート調査の進め方　酒井隆著　日本経済新聞社（日経文庫）　2001年
　定量的な調査に焦点を絞った，アンケート調査の設計から分析までの要点がコンパクトにまとめられた入門書。

マーケティング・リサーチ入門＜第3版＞　近藤光雄著　日本経済新聞社（日経文庫）2004年
　マーケティングに関連した調査の考え方や方法，実例などを解説している。初心者にも手軽に読める。

発想法

知のワークブック　竹田茂生・藤木清編著　くろしお出版　2006年
　創造的な思考法を行うための主要な思考の技法が，シナリオ形式で紹介されている。本書の総合課題でのプランニングに役立つ。

索　引

え
円グラフ　6, 7, 8, 19, 20, 21, 22

お
帯グラフ　6, 8, 60
折れ線グラフ　6, 7, 9, 22, 23

か
回帰係数　124, 126, 127, 128, 129, 131, 143
回帰直線　123, 124, 125, 126, 127, 128, 131, 143
回帰モデル　122, 123, 143
階級の数　72, 73, 75
階級の幅　72, 73
階級別度数分布表　68, 69, 73, 74, 75, 77, 80
カイ二乗検定　137
カイ二乗値　138
仮説　32, 52, 53, 63, 122, 136, 137, 139, 143, 146
仮説検証型分析　32
間隔尺度　30, 31, 68, 84, 85
観測度数　137, 138

き
期待度数　137, 138
帰無仮説　137, 138, 139, 143, 145, 146
境界値　72, 73, 75, 76
共分散　115, 116, 129
近似曲線　124, 125

く
グラフのマナー　1, 9, 18
グラフ表　56, 60
グループ　68, 92, 150
クロス集計　41, 52, 53, 54, 55, 56, 57, 59, 60, 64, 137
クロス集計表　55

け
桁区切り記号　5
決定係数　126, 128, 130, 131
検証　32, 52, 63, 134

こ
高感度人間　53, 92

さ
サイコグラフィック(心理的)変数　53
最小二乗法　126, 127, 128
最頻値　84, 85, 91
3次元クロス集計　53
算術平均　84
散布図　6, 8, 108, 109, 110, 113, 114, 115, 123, 124, 126, 131
散布度(ばらつきの程度)　98, 104

し
質的変数　30, 40, 67, 68
質問間クロス集計　54
従属変数　32, 52, 55
自由度　142, 145
順序尺度　30, 85
順序性　30, 31

す
推定　136, 146

せ
正の相関　112, 113, 114
説明変数　32, 122, 128, 129, 131, 143

そ
相関　4, 8, 108, 111, 112, 113, 115, 117, 118, 122
相関係数　108, 111, 112, 113, 114, 115, 116, 118, 128

た
第1種の誤り 146
第2種の誤り 146
代表値 84, 85, 86, 90, 93, 98, 103
対立仮説 137, 139, 143, 146
多次元クロス集計 53, 54
単一回答方式 40, 41, 42
単純集計 41, 42, 43, 44, 45, 46, 52, 57, 80
単純集計表 44, 46

ち
中央値 84, 85, 90

て
t 検定 139, 140, 141, 142, 143
t 検定統計量 142
デモグラフィック（人口統計的）変数 53

と
同一性 30, 31
統計的仮説検定 136, 139, 146
等比性 30, 31
等分散検定 143
独立変数 32, 52, 53, 55

は
外れ値 84, 85, 93, 114
パレートの法則 33

ひ
ヒストグラム 67, 69, 73, 74, 75, 76, 77, 78, 80, 93, 104
被説明変数 32, 128, 129, 131, 143
左に歪んだ分布 78, 85
標準偏差 98, 100, 101, 102, 103, 115, 116, 129
表側 52, 53, 54, 55, 64
表頭 52, 53, 54, 55, 64
表のマナー 4, 5, 9, 13
標本 72, 136, 141, 142

比例尺度 31, 32, 68, 84, 85

ふ
複数回答方式 40, 41, 42, 46
負の相関 112, 117
不偏分散 99, 101, 129
分散 98, 99, 100, 101, 102, 103, 116, 129, 141, 142, 143
分布の歪み 78

へ
平均値 30, 84, 85, 90, 98, 99, 100, 116, 127, 129, 139

ほ
棒グラフ 6, 7, 22, 23
母集団 136, 139, 143
母平均 139, 142, 143

み
右肩上がりの傾向 110
右肩下がりの傾向 110, 111
右に歪んだ分布 78, 85

む
無相関 113

め
名義尺度 30, 32, 85

も
問題発見型分析 32

ゆ
ユニバーサルカーブ 63

り
量的変数 30, 68, 108, 111, 122

巻末附録

提出用ワークシート，調査票，回答用紙
切り取って利用してください

ワンポイントアドバイス

＊年齢などの数量値をクロス集計する場合は，調査後アフターコードする。たとえば，18〜20歳＝1，21〜23歳＝2，24歳以上＝3 というようにコードを後からつける。Excel の列を1つ増やして，変数をたとえば，AF2 というようにして入力をしていけばよい。なお，あらかじめ選択肢コードをつける方式をプリコードと呼ぶ。

ワークシート 1-1　表のマナーを身につけよう

▶次の空欄に適切な語句を記入しなさい。

(1) 各表には内容がよくわかるような　　　　　　　をつける。

(2) レポートに表を挿入するときは，　　　　　　　をつける。

(3) 行と列が，それぞれ何を表しているのかがわかるように　　　　　　　をつける。

(4) 表の値を正確に読み取るために，　　　　　　　を明示する。

(5) 表の下に注釈を付け，データの　　　　　　　（書名，発行所，発行年）などを明示する。

(6) 必要に応じて　　　　　　　を引き，表中の値の配置をそろえる。

(7) 桁数の大きい数値には，　　　　　　　をつける。

(8) 表に小数点以下の値が複数ある場合は，小数点以下の　　　　　　　をそろえる。

(9) 主要ではない項目が多数ある場合は，すべて表示するよりも　　　　　　　にまとめる。

(10) 全体の比較ができるよう　　　　　　　や小計を表示する。

提出用　番号　　　　　　　氏名

ワークシート 1-2　マナーに注意して表を改善しよう

▶表 b を見本にして，表 a の改善すべきところを具体的に示しなさい。

表a　教育費

		授業	PTA	通学・学用品	合計
小	公	—	5107	1269	6376
	私	34314	9822	5259	49395
中	公	—	7936	1836	9772
	私	32816	9627	9193	51636
高	公	9923	4429	6883	21235
	私	31586	12616	9899	54101

表b　毎月の学校教育費（臨時支出を除く）

(単位：円)

		学校への納付金			通学費 学用品費	合計
		授業料	PTA 等 諸会費	小計		
小学校	公立	—	5,107	5,107	1,269	6,376
	私立	34,314	9,822	44,136	5,259	49,395
中学校	公立	—	7,936	7,936	1,836	9,772
	私立	32,816	9,627	42,443	9,193	51,636
高校	公立	9,923	4,429	14,352	6,883	21,235
	私立	31,586	12,616	44,202	9,899	54,101

「子どもの教育費」2000年6月東海銀行調べ
出典　竹内宏編『アンケート調査年鑑 2001 年版』並木書房 2001

- _____
- _____
- _____
- _____
- _____
- _____

ワークシート2 グラフを読み取ろう

▶下のグラフは，学校の教育費に関するデータをグラフに表したものです。それぞれのグラフからどのようなことが読み取れるでしょうか。具体的に述べなさい。

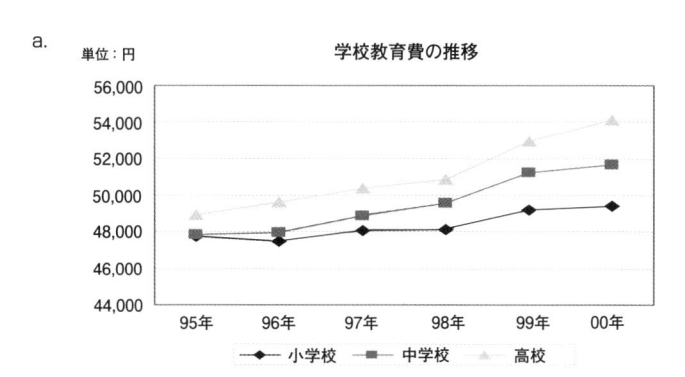

a.
単位：円　　　学校教育費の推移

（折れ線グラフ：小学校・中学校・高校　95年～00年）

b.
学校教育費の内訳比較（私立）

（横棒グラフ：小学校・中学校・高校　授業料／PTA等諸会費／通学費・学用品費）

提出用　　番号　　　　　　氏名

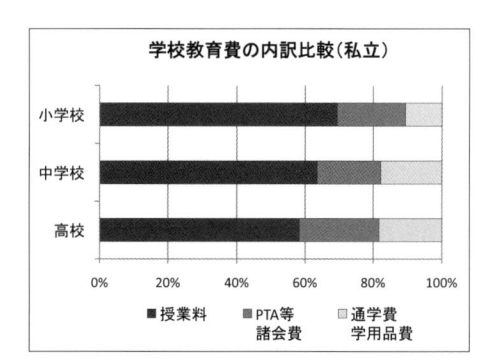

巻末附録

c.

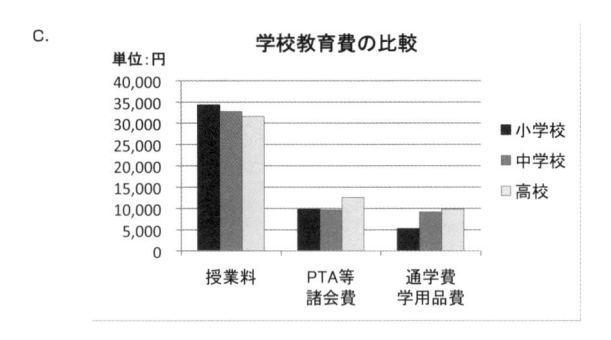

学校教育費の比較

単位：円

- 小学校
- 中学校
- 高校

授業料　PTA等諸会費　通学費学用品費

d.

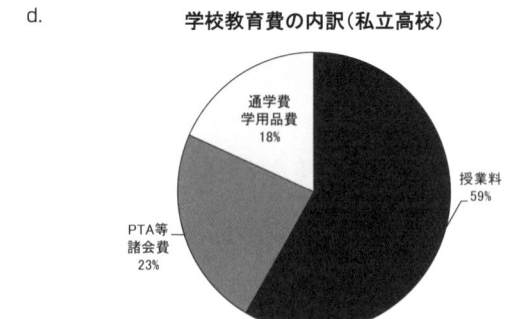

学校教育費の内訳（私立高校）

- 授業料 59%
- PTA等諸会費 23%
- 通学費学用品費 18%

ワークシート 3-1 アンケート調査項目を4つの尺度に分類しよう

▶ 154ページの「生活やイベントに関するアンケート」調査票の各質問項目を変数として4つの尺度に分類し，表に，質問番号（Q1……）を記入しなさい。

質的変数	名義尺度	
	順序尺度	
量的変数	間隔尺度	
	比例尺度	

提出用　番号　　　　　　　　氏名

ワークシート 3-2　4つの尺度を使って質問文と選択肢をつくろう

▶ 4つの尺度をそれぞれを使って，食堂(学生食堂，社員食堂，よく行く飲食店などを想定して)のメニューや要望についての質問文と選択肢を，つくってみよう。

名義尺度

順序尺度

間隔尺度

比例尺度

ワークシート 4-1 ピボットテーブルを用いて F2（住まいの形態）を集計しよう

▶本書専用ウェブサイト（http://www.9640.jp/toukei）のサンプルデータを用いて，F2（住まいの形態）を単純集計し，結果について考察しなさい。

考察

【メモ】

提出用　番号　　　　　　　　氏名

ワークシート 4-2　Q3（出かけたことのある祭りやイベント）を集計しよう

▶サンプルデータを用いて，次の Q3 の度数分布表を完成させ，結果について考察しなさい。

表タイトル名→　【　　　　　　　　　　　　　　　　　　　　　】

N＝　　項目	初詣	商店街イベント	盆踊り	クリスマスイベント	花火大会	大学の学園祭	高校の学園祭	地域主催のイベント	友人とのパーティー	その他
実数										
％										

考察

ワークシート5　2つの変数を選んでクロス集計をしよう

▶本書専用ウェブサイト(http://www.9640.jp/toukei)「生活やイベントに関するアンケート」のデータを用いて，2つの変数を選んで，クロス集計(比率)し，考察をしなさい。

1. クロス集計に用いた変数

2. 表側　【　　　　　　　　　　　】（例：F1　性別）

　　表頭　【　　　　　　　　　　　】

3. 考察

＜ポイント＞

1) 最初は，集計値から見た事実を記述する。（○○は男性でXX％，女性は，XX％。男性の1位は○○，2位は○○など。）

2) 次に，データを絞って考察する。インターネット等で関連資料を参照し，比較するとよいでしょう。

提出用　　番号　　　　　　　　氏名

ワークシート6　大学創立年度のヒストグラムを作成しよう

▶本書専用ウェブサイト(http://www.9640.jp/toukei)の「大学マネジメント調査」のデータを用いて，次の手順にそって Excel でデータ分析をしなさい。分析をした結果について考察したことを記入しなさい。

【手順】

1. 大学創立年度の基本統計量の算出
2. 階級別度数分布表の作成
3. ヒストグラムの作成

【課題】大学創立年度のヒストグラムを参考にして考察しなさい。

提出用　番号　　　　　　　　氏名

ワークシート7 代表値を比較しよう

▶「生活やイベントに関するアンケート」（本書専用ウェブサイト http://www.9640.jp/toukei）の q10_B「お祭りなどの屋台で食べ物を購入するとき，1食品あたりどのくらいの金額を使うか」という質問のデータについて，男女別に代表値を求め，考察しなさい。

【手順】

1. q10_B を男女別に分類
2. 基本統計量の算出（外れ値があればデータから除外）
3. ヒストグラムの作成

【課題】

基本統計量の結果とヒストグラムをみて，代表値に関する考察をしなさい。

提出用　番号　　　　　　　　氏名

ワークシート 8 ばらつきを比較しよう

【課題】

ワークシート 7 の基本統計量の結果とヒストグラムから，散布度に関する考察をしなさい。

提出用　番号　　　　　　　　氏名

ワークシート9 相関行列から2変数の関係性を評価しよう

▶「生活やイベントに関するアンケート」のf4のデータについて相関行列を求め,比較的相関の強い2変数の関係性について考察しなさい。

【手順】

1. f4のすべてのデータを新しいシートにコピー。
2. 相関ツールを使って相関行列を算出。
3. 相関係数の値が比較的大きい2変数を2組選ぶ。
4. その関係性ついて考察。

考察：

提出用　番号　　　　　　　氏名

ワークシート10 回帰直線を求め，あてはまりを評価しよう

▶スーパー5社の年間売上高と広告費のデータを入手したところ，下表のとおりであった。売上高を被説明変数，広告費を説明変数にして散布図を描き，重ねて回帰直線を描きなさい。また，回帰係数，決定係数を求めなさい。結果を考察しなさい。

スーパー5社の年間売上高と広告費

	A	B	C	D	E
売上高	9	8	11	13	9
広告費	5	4	4	6	6

考察：

提出用　番号　　　　　　　　氏名

ワークシート11 回帰分析の結果を整理しよう

▶ある会社の「売上高」を y_i, 「販売費」を x_i として,線形回帰モデルにあてはめ,Excel の分析ツールを用いて回帰分析を実施しました。表 a はその結果です。次の各問に答えてみましょう。

線形回帰モデル:$y_i = \alpha + \beta x_i + u_i$, $i=1, 2,..., n$

表 a:回帰分析の結果(抜粋)

回帰統計	
重相関 R	0.828446
重決定 R2	0.686323
補正 R2	0.662194
標準誤差	73156.25
観測数	15

分散分析表

	自由度	変動	分散	観測された分散比	有意 F
回帰	1	1.52E+11	1.52E+11	28.44392	0.000136
残差	13	6.96E+10	5.35E+09		
合計	14	2.22E+11			

	係数	標準誤差	t	P-値	下限 95%
切片	78389.89	56408.54	1.389681	0.187967	-43473.3
販売費	7.624305	1.42957	5.333284	0.000136	4.535907

(1)α, β の推定値はそれぞれいくらでしょうか。

(2)α, β の推定値は有意でしょうか。

(3)「販売費」が百万円上昇すると,「売上高」は何百万円上昇すると推定されるでしょうか(裏面に続く)。

提出用　番号　　　　　　　氏名

(4) このモデルの決定係数はいくらでしょうか。

(5) このモデルのあてはまりの良さについて評価してみましょう。

提出用　　　　生活やイベントに関するアンケート
ご協力のお願い

　本アンケートは，学生の皆さんの日ごろの生活やイベントについての考え方等をお聞きし，今後の学内イベント等の方向性についての基礎資料として活用するものです。アンケートは無記名で実施いたします。したがって，個人名を特定することはありませんので，安心しておこたえ下さい。
【企画・連絡先　旅行サークル・フィールド＆ワンダー】

■まず，最初にあなたの日頃の生活についておうかがいします。

Q1. 次にあげた 1 ～ 12 の項目について，あてはまるものはどれですか。（いくつでも○印）

1. 一年を通して，仲間と楽しんでいる趣味がある
2. 家の中よりも，野外で遊ぶ方が好きだ
3. イベントや祭りなどに参加するのが好きだ
4. 都心や繁華街などで遊ぶことが好だ
5. 多少忙しくても，外に出かけることは苦にならない
6. 趣味や遊びは大勢の友人と一緒にやる方が好きだ
7. 友人から相談されることが多い方だ
8. 遊びでも，しっかり計画をたててやる方が好きだ
9. 買い物するときは，いろいろな情報を集める方だ
10. 知らない人でも，すぐに仲良くなれる方だ
11. いろんなものを少しずつ買ってみるのが好きだ
12. 友人はたくさんいる方だ

■次に，イベントや祭りについておうかがいします。

Q2. あなたは，イベントや祭りにどの程度でかけますか。（1 つだけ○印）

1. よく出かける方だと思う	4. あまり出かけない方だと思う
2. 出かける方だと思う	5. 出かけない方だと思う
3. まあ出かける方だと思う	6. 全く出かけない

Q3. あなたは，次にあげたイベントや祭りに参加したことがありますか。（いくつでも○印）

```
1.  初詣                              7.  高校の学園祭
2.  商店街(七夕など)の祝日イベント    8.  地域主催の(神戸祭りなど)イベント
3.  盆踊り                            9.  友人とのパーティー
4.  クリスマスイベント                10. その他
5.  花火大会　（具体的に                                          ）
6.  大学の学園祭
```

Q4. 次にあげたもののうち，あなたが買ったことがあるものはどれですか。（いくつでも○印）

```
 1. わたあめ         2. りんごあめ         3. ベビーカステラ
 4. あんず飴         5. チョコバナナ       6. 鯛焼き
 7. お好み焼き       8. 焼きソバ           9. たこ焼き
10. 焼きイカ        11. 焼きもろこし      12. 串カツ
13. じゃがバター    14. 焼き鳥            15. フライドポテト
16. フランクフルト  17. トルネードポテト  18. から揚げ
19. いかてんぷら    20. 牛・豚串焼き      21. その他(         )
```

Q5. 次にあげたもののうち，あなたが今後(も)買ってみたいものはどれですか。（いくつでも○印）

```
 1. わたあめ         2. りんごあめ         3. ベビーカステラ
 4. あんず飴         5. チョコバナナ       6. 鯛焼き
 7. お好み焼き       8. 焼きソバ           9. たこ焼き
10. 焼きイカ        11. 焼きもろこし      12. 串カツ
13. じゃがバター    14. 焼き鳥            15. フライドポテト
16. フランクフルト  17. トルネードポテト  18. から揚げ
19. いかてんぷら    20. 牛・豚串焼き      21. オム焼きソーセージ
22. 明石風たこ焼き  23. どて焼き          24. クレープ
25. シシカバブ      26. モツ焼き          27. 焼きおにぎり
28. 餃子            29. ミニラーメン      30. その他(         )
```

Q6. そのうち(Q5で○印をしたもの),最も買いたいものはどれですか。
<u>1つだけ</u>選んで番号を記入してください。

最も買いたいのは,……→ ［　　　　　　］

Q7. 上記以外で,あなたがお祭りなどの屋台で好きな食べ物があれば,下の空欄にお書き下さい。

［　　　　　　　　　　　　　　　　　　　　　　　　　　　］

また,こんな食べ物があったらいいと思うものがあったら,自由にお書きください。

［　　　　　　　　　　　　　　　　　　　　　　　　　　　］

Q8. あなたが,お祭りなどで食べ物を購入する際に重視するものは何ですか。(いくつでも○印)

1. 屋台ののぼり	2. 看板やポスター	3. 値段の表記
4. 店の人のかけ声	5. 店の人の態度	6. 価格の安さ
7. 清潔さ	8. イベントや祭りのチラシ	9. 評判のよさ
10. 商品の珍しさ	11. 定番の商品	12. 持ち運びやすさ
13. 人気の高さ	14. その他(　　　　　)	

Q9. そのうち(Q8で○印をしたもの)最も重視するものは何ですか。1つだけ選んで,番号を記入してください。

最も重視するのは,……→ ［　　　　　　］

Q10. あなたは,<u>お祭りなどの屋台で食べ物</u>を購入するとき,どのくらいの金額を使いますか。(使わない場合は,0を記入してください。)
A. 全体ではどのくらいですか。……→ およそ ［　　　　　　］円くらい
B. 1食品あたりではどのくらいですか。……→ およそ ［　　　　　　］円くらい

Q11. 次にあげた，a～dの商品について，あなたが祭りや縁日などの屋台で購入する場合，どのくらいの金額まで支払ってもよいと思いますか。(それぞれの項目について，1つだけ○印)

	50円～100円未満	100円～150円未満	150円～200円未満	200円～300円
a. 素(す)うどん	1	2	3	4
b. 月見うどん	1	2	3	4
c. 天ぷらうどん	1	2	3	4
d. 肉うどん	1	2	3	4

■ 最後に，あなた自身についておうかがいします。

F1. あなたの性別は。

1. 男性	2. 女性

F2. あなたのお住まいの形態はどれですか。

1. 自宅	2. 下宿	3. その他( )

F3. あなたの一か月のこづかい(自由に使えるお金)は，どのくらいですか。(1つだけ○印)

1. ～3,000円未満	6. 15,000円～20,000円未満
2. 3,000円～5,000円未満	7. 20,000円～25,000円未満
3. 5,000円～7,000円未満	8. 25,000円～30,000円未満
4. 7,000円～10,000円未満	9. 30,000円～35,000円未満
5. 10,000円～15,000円未満	10. 35,000円以上( )

F4. 次にあげた a～l の各項目について，あなたはどの程度あてはまりますか。
（それぞれ，1 つだけ○印）

	あてはまる	どちらかといえばあてはまる	どちらでもない	どちらかといえばあてはまらない	あてはまらない
a. 衝動買いをよくする方だ	5	4	3	2	1
b. いろいろな商品の情報に詳しい方だ	5	4	3	2	1
c. ひとつの商品を使い続ける方だ	5	4	3	2	1
d. 新製品はすぐに試してみる方だ	5	4	3	2	1
e. 買う前に値段をよく比較する方だ	5	4	3	2	1
f. 値段が高くても，気に入れば買ってしまう方だ	5	4	3	2	1
g. 計画的な買い物をすることが多い	5	4	3	2	1
h. 自分にとっての「いいもの」は高くても買う方だ	5	4	3	2	1
i. 友人を誘って買い物に行くことが多い	5	4	3	2	1
j. 物を買うときは，どこの国のものかは気にしない	5	4	3	2	1
k. 予定より多く買い物をしてしまうことが多い	5	4	3	2	1
l. バーゲンや安売りがあるとつい買ってしまう	5	4	3	2	1

F5. 次の 1～12 の項目について，あなた自身にあてはまるものはどれですか。
（いくつでも○印）

1. 運動神経がいい	7. 手ざわりや肌ざわりで，物のよしあしがわかる
2. 色やデザインのセンスがいい	8. 何がはやるか予感できる
3. いい音が聞き分けられる	9. 知らない人の集まりでもすぐ友人ができる
4. リズム感がある	10. ナンセンスやユーモアがわかる
5. 微妙な味の違いがわかる	11. 何時間でも空想にひたっていられる
6. においに対して敏感	12. 既存の商品を自分なりに作りかえたりするのが得意

ご協力ありがとうございました。

企業・ブランドイメージ調査

■ 最初に，＿＿＿＿＿＿について，おたずねします。

Q1. ＿＿＿＿＿＿についてA～Dの質問にお答えください。（それぞれ1つだけ○印）

A. 名前だけは知っている	1. はい　2. いいえ
B. 商品やサービスの内容を詳しく知っている	1. はい　2. いいえ
C. 商品やサービスを購入（利用）したい	1. はい　2. いいえ
D. 「好きだ」と思う	1. はい　2. いいえ

Q2. 次にあげた1～9のイメージや評価項目に当てはまるのはどれですか。
（いくつでも○印）

1.	2.	3.
4.	5.	6.
7.	8.	9.

■ 次に，＿＿＿＿＿＿について，おたずねします。

Q3. ＿＿＿＿＿＿についてA～Dの質問にお答えください。（それぞれ1つだけ○印）

A. 名前だけは知っている	1. はい　2. いいえ
B. 商品やサービスの内容を詳しく知っている	1. はい　2. いいえ
C. 商品やサービスを購入（利用）したい	1. はい　2. いいえ
D. 「好きだ」と思う	1. はい　2. いいえ

Q4. 次にあげた1～9のイメージや評価項目に当てはまるのはどれですか。
（いくつでも○印）

1.	2.	3.
4.	5.	6.
7.	8.	9.

提出用　番号　　　　　　　　氏名

■ 次に，＿＿＿＿について，おたずねします。

Q5. ＿＿＿＿について A〜D の質問にお答えください。（それぞれ1つだけ○印）

A. 名前だけは知っている	1. はい　2. いいえ
B. 商品やサービスの内容を詳しく知っている	1. はい　2. いいえ
C. 商品やサービスを購入（利用）したい	1. はい　2. いいえ
D. 「好きだ」と思う	1. はい　2. いいえ

Q6. 次にあげた1〜9のイメージや評価項目に当てはまるのはどれですか。（いくつでも○印）

1.	2.	3.
4.	5.	6.
7.	8.	9.

■ 最後に，あなた自身についてお聞きします。

F1. あなたの性別は。
　1. 男　　2. 女

F2. あなたの年齢は。
　　　　□ 歳

F3.

F4.

F5.

　　　　　　　　　　　　　　ご協力ありがとうございました。

■ 著者紹介 ■

竹田茂生

略歴： 上智大学文学部社会学科卒，（株）日経リサーチ調査研究部長，関西国際大学人間科学部教授を経て，地域創生研究所所長。専攻はマーケティング，マーケティングリサーチ。2017年逝去。

主著・論文：
『アウトドアライフ21―広がる豊かな心支援ビジネス』（誠文堂新光社 1996，編著）
『マーケティングの新しい視点』（嵯峨野書院 2003，共著）
『知のワークブック』（くろしお出版 2006，編著）（日本創造学会著作賞）
『夢をかなえるキャリアデザイン』（くろしお出版 2011，編著）
『老舗企業の研究　改訂新版―100年企業に学ぶ革新と創造の連続』（生産性出版 2012，共著，実践経営学会賞）（2000年版・実践経営学会学術研究奨励賞）

藤木　清（kfujiki@kuins.ac.jp）

略歴： 関西学院大学大学院商学研究科博士課程後期課程単位取得満期退学。現在，関西国際大学教授。専攻は統計学。

主著・論文：
『知のワークブック』（くろしお出版 2006，編著）（日本創造学会著作賞）
『夢をかなえるキャリアデザイン』（くろしお出版 2011，編著）
『リサーチ入門―知的な論文・レポートのための』（くろしお出版 2013，共著）
「関西国際大学における学習到達度の現状と課題」（『IDE-現代の高等教育』2018年11月号）

ゼロからの統計学　－使えるシーンが見える－

2010年 4月10日　第1刷発行
2019年 4月25日　第5刷発行

著者	竹田茂生・藤木 清
発行人	岡野秀夫
発行所	株式会社　くろしお出版
	〒102-0084　東京都千代田区二番町 4-3
	TEL 03-6261-2867　FAX 03-6261-2879
	URL http://www.9640.jp　E-mail kurosio@9640.jp
印刷	シナノ書籍印刷株式会社

© Shigeo Takeda, Kiyoshi Fujiki 2010, Printed in Japan
ISBN 978-4-87424-471-5　C1033

● 乱丁・落丁はおとりかえいたします。本書の無断転載・複製を禁じます。

装丁／折原カズヒロ　イラスト／坂木浩子

本書とあわせてお勧め！ 「統計学的手法」と「思考法」の相乗効果を!!

THINKING

◆ 論理的思考力の養成・大学での初年次教育に！◆

日本創造学会著作賞　受賞

大学生と新社会人のための
知のワークブック

関西国際大学　竹田茂生・藤木清【編】　定価＝￥1,500＋税

さまざまなものの見方・考え方を学び、問題解決力・想像力を身につけよう

目次より

1. 創造的思考法の理解
   — 既成の枠に気づき解き放つ —
2. 複眼思考
   — 立場を変え、見方を変える —
3. 論理的思考
   — 論理的な関係を追求する —
4. 因果関係
   — 物事の関係を考える —
5. 文章図解思考法
   — 全体のメカニズムを鳥瞰する —
6. 現象図解思考法
   — 身の回りの現象を図解してみよう —
7. 発散型思考法
   — アイデアを拡散する —
8. 収束型思考法
   — アイデアをまとめる —
9. 類比型思考法
   — 連想で考える —
10. フレームワークシンキング①
    — 既成の枠をはなれ、思考の枠へ —
11. フレームワークシンキング②
    — 枠組みの中で考える —
12. コンセプト年表発想法
    — 過去の延長上に未来を描く —

- 学力が不足している新入学生の基礎科目授業に！
- 論文指導など、学習技術と連動した授業に！
- 就職試験などで、「論理的思考力」を試される人の対策書として！
- 社会でのニーズが高まっている「新しい価値の創造」のための思考術の基礎がこの一冊に！

大好評発売中！

竹田茂生・藤木清　編
（関西国際大学）
B5判　152頁
ISBN978-4-87424-341-1

くろしお出版　● http://www.9640.jp
Kurosio